贵州省基础研究计划重点项目(黔科合基础-ZK〔2024〕重点 019)资助
贵州省科技计划项目(黔科合平台人才-CXTD〔2022〕016)资助

# 煤层气成因类型与成藏过程的
# 地球化学制约

李清光　　琚宜文　　路　照　著

U0337755

中国矿业大学出版社

· 徐州 ·

# 内 容 简 介

本书的主题是煤层气成因机理、成藏过程的地球化学约束,在选题上,体现了煤层气地质学、水文地球化学、同位素地球化学、地质微生物等领域的学科交叉。全书共包括 7 个章节。第 1 章扼要阐述了煤层气成因类型与成藏过程地球化学研究进展;第 2 章对淮北煤田和盘州煤田基本地质概况进行介绍;第 3 章介绍了淮北煤田宿州矿区含煤地层煤和泥岩生烃特征;第 4 章介绍了煤层气成因及其地球化学特征;第 5 章介绍了煤层水水化学演化及其对煤层气成因成藏的约束;第 6 章介绍了含煤岩系生物标志物组成与生物降解特征;第 7 章为结论。其中,第 4 章基于煤层气气体地球化学变化特征,揭示了不同成因类型煤层气的生成和演化过程,建立了不同成因类型煤层气的富集分布模式。第 5 章着重介绍了煤层水水化学演化特征及其对煤层气成因成藏过程的制约,构建了煤层水中生物成因甲烷资源规模的评估方法,阐述了生物成因甲烷形成的水化学和同位素地球化学机制。第 6 章以含煤岩系中生物标志物在热演化与微生物降解过程中的变化为切入点,探讨了煤层气富集成藏过程的有机地球化学约束机制。上述 3 章是本书重点论述的内容和研究特色。

本书可供煤层气地质学、瓦斯地质学、非常规油气、气体地球化学和能源地质等领域的科技人员参考,也可作为相关专业研究生的参考教材。

## 图书在版编目(C I P)数据

煤层气成因类型与成藏过程的地球化学制约 / 李清
光,琚宜文,路照著. — 徐州:中国矿业大学出版社,
2023.10

ISBN 978 - 7 - 5646 - 6030 - 7

Ⅰ.①煤… Ⅱ.①李… ②琚… ③路… Ⅲ.①煤层—
地下气化煤气—油气成因 Ⅳ.①P618.110.1

中国国家版本馆 CIP 数据核字(2023)第 206188 号

| | |
|---|---|
| 书　　名 | 煤层气成因类型与成藏过程的地球化学制约 |
| 著　　者 | 李清光　琚宜文　路　照 |
| 责任编辑 | 李　敬 |
| 出版发行 | 中国矿业大学出版社有限责任公司 |
| | (江苏省徐州市解放南路　邮编221008) |
| 营销热线 | (0516)83885370　83884103 |
| 出版服务 | (0516)83995789　83884920 |
| 网　　址 | http://www.cumtp.com　E-mail:cumtpvip@cumtp.com |
| 印　　刷 | 苏州市古得堡数码印刷有限公司 |
| 开　　本 | 787 mm×1092 mm　1/16　印张 11.75　字数 230 千字 |
| 版次印次 | 2023 年 10 月第 1 版　2023 年 10 月第 1 次印刷 |
| 定　　价 | 45.00 元 |

(图书出现印装质量问题,本社负责调换)

# 前　言

煤层气是一种清洁的非常规能源,对其进行开发利用具有保障矿井安全生产、资源回收利用和温室气体减排等多方面的综合效益。目前,美国、澳大利亚、加拿大和中国等国家煤层气已实现地面大规模产业化开发,但是我国不同成因类型的煤层气资源分布特征等重要问题还没有完全掌握。因而,对煤层气形成机理、赋存特征和资源前景等科学问题进行深入研究,不仅能够促进煤层气地质学等相关学科的发展,而且可为煤层气的勘探开发选区提供理论依据。

本书基于作者从事煤层气地质学研究工作以来的研究积累,内容上围绕煤层气成因与成藏过程的地球化学约束开展论述。全书共包括7章。第1章扼要阐述了煤层气成因类型与成藏过程地球化学研究进展;第2章对淮北煤田和盘州煤田基本地质概况进行介绍;第3章介绍了含煤地层煤和泥岩生烃特征;第4章介绍了煤层气成因及其地球化学特征;第5章介绍了煤层水水化学演化及其对煤层气成因成藏的约束;第6章介绍了含煤岩系生物标志物组成与生物降解特征;第7章为结论。其中,第4章基于煤层气气体地球化学变化特征,揭示了不同成因类型煤层气的生成和演化过程,建立了不同成因类型煤层气的富集分布模式。第5章着重介绍了煤层水水化学演化特征及其对煤层气成因成藏过程的制约,构建了煤层水中生物成因甲烷资源规模的评估方法,阐述了生物成因甲烷形成的水化学和同位素地球化学机制。第6章以含煤岩系中生物标志物在热演化与微生物降解过程中的变化为切入点,探讨了煤层气富集成藏过程的有机地球化学约束机制。上述3章是本书重点论述的内容和研究特色。

本研究通过系统调研和采样分析,分别从煤层气地球化学特征、煤系地层水化学组成与演化特征,以及气源岩生烃特征和生物标志化

合物的生物降解特征等方面开展煤层气成因成藏相关研究,拓展了多个方面的研究方法,取得了以下主要学术成果和认识:

(1)在煤层气成因及其地球化学特征方面,本研究拓展了含煤盆地不同成因类型煤层气富集成藏演化的研究思路,建立了不同成因类型煤层气在含煤盆地的一般分布模型。在上述研究成果的基础上,对淮北煤田和盘州煤田典型矿区的煤层气成因成藏过程进行了反演,对不同煤矿区的资源规模进行了评估。

(2)在煤层水化学特征及生物成因甲烷的生成方面,本研究构建了宿州矿区和土城向斜煤层水水化学演化模式。在此基础上,根据对硫酸盐、溶解无机碳、溶解有机碳、水溶态甲烷浓度和相关同位素进行分析,阐明了微生物成因煤层气的生成和富集机制;根据 $DIC-CH_4-CO_2$ 之间的碳同位素分馏特征,构建了煤层水中生物成因甲烷的资源规模评估新方法。

(3)在气源岩生物标志物组成和生物降解特征方面,基于姥植比、伽马蜡烷指数、甲基菲指数和升藿烷异构指数等生标参数,探讨了淮北煤田煤系的沉积环境、物源组成和有机质热演化过程。基于正构烷烃、萜类化合物、萘、菲、联苯等系列化合物的微生物降解特征,评估了煤系有机质的生物降解程度,取得了一些不同于石油地质领域关于生物标志物降解序列的新认识。本研究还发现,有机质较高的降解程度并不意味着有大量生物成因气的富集。微生物的菌群群落组成特征和煤层封闭性的好坏等都会影响生物成因气的生成和富集,并且与煤层邻近的富有机质泥岩的生物降解也可以产生数量可观的生物成因气,并对生物成因气的资源有较大的贡献。

本书由李清光执笔,完成全书章节编制、修改补充与最后的统稿工作;琚宜文参与完成第 1 章的撰写与修订;路照参与第 4 章、第 5 章和第 6 章部分内容的撰写。本书的出版得到了贵州省基础研究计划重点项目(黔科合基础-ZK〔2024〕重点 019)和贵州省科技计划项目(黔科合平台人才-CXTD〔2022〕016)的资助。

作　者<br>2023 年 6 月

# 目　　录

# 第1章　煤层气成因类型与成藏过程地球化学研究进展

　　随着世界主要产煤国家煤炭开采逐渐向深部推进,矿井瓦斯灾害严重影响到煤炭生产进程和工人的人身安全。因此,人们对矿井瓦斯的最初认识和研究主要从防治煤与瓦斯突出和爆炸等灾害防治的角度展开。与此同时,由于世界各国对能源的需求与日俱增,煤层气(又称矿井瓦斯)作为一种清洁能源和非常规能源,其资源价值开始逐渐被世人所关注(Clayton,1998;Flores,1998;Moore,2012)。研究还表明(Rightmire,1984;Clayton,1998;Flores,1998),在煤炭开发过程中,释放的甲烷等气体占全球每年温室气体排放总量的 8%～10%,而单个 $CH_4$ 分子所产生的温室效应比单个 $CO_2$ 分子高出 20 倍以上,这无疑会对全球气候变暖产生非常重要的影响(Beerling et al.,2009;Zhang et al.,2022)。因此,煤层气资源的开发具有资源回收、温室气体减排和瓦斯灾害防治等多方面的意义。

　　煤层气的成因机理和形成过程十分复杂,气源岩的有机组成特征、沉积埋藏过程、构造-热演化过程、微生物的次生改造作用以及地下水水动力特征和水化学演化等都对煤层气的形成与赋存具有一定的控制作用。随着成煤作用的进行,不同成因类型的煤层气有规律地产生(Rightmire,1984;Rice,1993;Scott et al.,1994;Moore,2012;Su et al.,2018;Bao et al.,2021),并在地质演化过程中进一步富集、运移或散失。与常规天然气和页岩气相比,不同成因机制下形成的煤层气,在气体组分特征、$\delta^{13}$C-$CH_4$ 和 $\delta$D-$CH_4$ 同位素组成,以及气源岩母质组成和降解特征方面均有着较大差异(陶明信 等,2014;Song et al.,2012;Li et al.,2015,2016,2017,2022;Lu et al.,2022a,2022b;Chen et al.,2023)。

　　煤层气成因机理和成藏过程的研究对深入认识煤层气生成的过程机制、富集特征和合理地评价煤层气资源前景等方面都具有极为重要的科学与现实意义。本研究以淮北宿东向斜、宿南向斜和盘州土城向斜为研究对象,分别从煤层气同位素特征、生物标志化合物组成特征和水文地球化学特征等方面探讨了煤层气成因机理和形成富集过程,并指出了煤层气成因成藏研究过程中存在的热点、难点问题,以及今后的发展方向和研究热点。

# 1.1 煤层气成因机理及其地球化学研究进展

前人对煤层气成因类型的划分大都借鉴了早期天然气的成因分类方案（Rightmire，1984；Rice，1993；戴金星 等，2003）。通常认为，其成因类型可以分为有机成因气、无机成因气，以及不同成因的混合气（Flores，1998；Thielemann et al.，2004；陶明信 等，2005a，2005b，2008，2014；Glasby，2006）。

根据成煤作用过程中煤层气的生成特征，有机成因气中的热成因气可以进一步划分为早期的热成因湿气和中后期的热成因干气（Scott et al.，1994）；生物成因煤层气还可以进一步分为原生生物成因气和次生生物成因气（Rightmire，1984；Rice，1993）。在总结前人研究成果的基础上，陶明信等（2005a，2005b，2008）首次在世界上将有机煤层气按成因类型进行了系统的划分：原生生物成因气、次生生物成因气、热降解气、热裂解气和混合成因气。以往对无机成因气的关注较少，主要认为有幔源气和地壳岩石化学反应气两种类型（Glasby，2006）。

## 1.1.1 煤层气形成过程与成因类型

在煤有机质的热演化过程中热成因煤层气的生成具有一定的规律（图 1-1）。其主要生气阶段的成熟度分布范围较广（$R_o$：0.6%～3.0%），且不同热演化阶段生成的气体组分不尽相同（Rice，1993；Scott et al.，1994）。在成煤作用早期，$CO_2$ 等组分首先大量生成，伴随着热演化作用的进行，$CH_4$ 的相对含量逐渐增加，$C_2H_6$、$C_3H_8$ 等重烃组分和 $CO_2$ 等气体的相对含量逐渐降低（Whiticar，1999）。

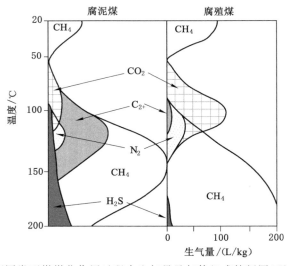

图 1-1 不同类型煤煤化作用过程中生气量及气体组成特征图（Clayton，1998）

在煤有机质的早期热演化过程中，$R_o$ 值达到 0.7% 附近以前，形成的煤层气总量仅占整个热演化过程中形成的热成因气总量的 10%。但是，当煤有机质的成熟度进一步升高，$R_o$ 值达到 1.6% 时，所形成的煤层气量可占热成因气总量的 80%（Waples et al.，1998）。

热降解成因煤层气主要形成于中低煤阶长焰煤至瘦煤的热演化阶段，其成熟度值范围在 0.6%~1.8%（$R_o$）。由于这一时期形成的煤层气中具有一定含量的 $C_2H_6$、$C_3H_8$ 等重烃组分，因此被称为湿气（Clayton，1998）；当成熟度超过 2.0%（$R_o$）时，在热裂解作用下形成的煤层气中重烃组分含量较低，被称为干气。

生物气在地球表层圈层内具有可观储量。其中，次生生物成因煤层气是在成煤作用后期，大气降水补给下渗到煤系过程中，产甲烷菌等微生物被接种到含煤地层并快速繁殖，生成次生生物成因甲烷。生物成因煤层气在国外许多含煤盆地均有发现，主要有波兰的西里西亚盆地以及卢布林盆地（Kotarba et al.，2001），美国的粉河盆地、伊利诺伊盆地和森林城盆地（Strąpoć et al.，2007；Green et al.，2008），澳大利亚的悉尼盆地和博文盆地（Ahmed et al.，2001）。我国主要含煤盆地中也有生物成因煤层气的赋存，例如沁水盆地的霍州地区、两淮煤田、阜新、吐哈等中低煤阶地区（陶明信 等，2005a，2008，2014；张小军 等，2007）。

由于各种还原性细菌体内的各种酶稳定性差，次生生物成因气生成对环境条件要求较高（Whiticar，1999），生气母质类型、温度、氧化还原条件、水体 pH 值等都会影响其生成（Rice et al.，1981；Rightmire，1984；Martini et al.，1998）。原生生物成因甲烷主要形成于早期泥炭化作用阶段（$R_o \leqslant 0.6\%$），醋酸发酵作用和 $CO_2$ 还原作用是其主要的形成途径（Martini et al.，1998）。在此阶段生成的生物成因甲烷一般难以保存，因为含煤盆地沉积初期沉积物埋深浅、保存压力小，其易通过含水层或地层裂隙等逃逸散失（Scott et al.，1994；Flores et al.，2008；Song et al.，2012）。

研究表明（Scott et al.，1994；陶明信 等，2005a，2008；Moore，2012），次生生物成因煤层气在成煤的各个阶段都能够生成（表 1-1）。Martini 等（1998）认为其主要形成于热成熟度较低的时期。其生成途径也以细菌的 $CO_2$ 还原作用和醋酸菌的发酵作用为主（Rice，1993）。次生生物气生成过程和机理比较复杂，有机大分子首先要经过多步降解形成小分子有机化合物，最后再由醋酸发酵菌或 $CO_2$ 还原菌等产甲烷菌进一步降解合成生物成因甲烷（Strąpoć et al.，2011）。因此，生物成因甲烷是水解菌、氢还原菌、同型乙酸菌、$CO_2$ 还原菌和醋酸发酵菌等一系列还原性细菌分步降解合成的结果。此外，Strąpoć 等（2011）认为除了上述两个形成途径之外，还可能存在其他的微生物产气途径。产甲烷菌完全可以直接利用多种含甲基/甲醇的基质进行降解产气。他们还指出,这种产气途径对处于低成熟度阶段有机质的降解产气非常重要。煤层气在生成之后还会经历富集、保存等一系列的演化过程,例如热成因湿气可能会因受到微生物改造而变成干气(Martini et al.,1998)。

**表 1-1 生物成因和热成因煤层气的形成阶段划分表**

(Scott et al.,1994;陶明信 等,2005a,2008;Moore,2012)

| 煤层气产生阶段 | 镜质体反射率 $R_o$/% |
| --- | --- |
| 原生生物成因甲烷生成 | $<0.30$ |
| 早期热成因甲烷生成 | $0.50 \sim 0.80$ |
| 最大量的湿气生成 | $0.60 \sim 0.80$ |
| 强热成因甲烷开始产生 | $0.80 \sim 1.00$ |
| 凝析油开始裂解成甲烷 | $1.00 \sim 1.35$ |
| 最大量的热成因甲烷生成 | $1.20 \sim 2.00$ |
| 大量湿气生成的最后阶段 | $1.80$ |
| 大量热成因甲烷生成的最后阶段 | $3.00$ |
| 次生生物成因甲烷生成 | $0.30 \sim 1.50$ |

由此可见,次生生物成因煤层气的生成需要具备下列要素:① 褐煤及以上的煤级;② 成煤作用后期发生过隆升等构造作用;③ 煤层渗透性较好;④ 大气降水等地表水体与含煤地层有一定的水力联系;⑤ 产甲烷菌等细菌接种到煤层;⑥ 生物气形成后煤层具备一定的储层压力,能够保证大量煤层气得以保存。

虽然煤层气的有机成因一直被人们所接受,但无机成因煤层气在地球圈层中也有分布(Rice,1993;Zhou et al.,2005;Glasby,2006;Lollar et al.,2008)。根据 Russian-Ukrainian 模型和 Thomas Gold 深部生气模型,Glasby(2006)认为无机成因甲烷完全有可能在地球各圈层中有一定规模的赋存。Lollar 等(2008)还提出了烃类化合物的无机成因模式。他们认为通过岩石化学反应,无机成因甲烷等烃类在地壳中形成并保存是存在的。Tao 等(2007)在对淮南煤田煤层气成因类型的研究过程中,对煤层气无机成因的可能进行了分析,并对其相对含量进行了计算。此外,含煤地层中其他的富有机质沉积岩,例如碳质泥页岩等在成岩过程中也会生成甲烷等烃类气体,并沿着各种断层或孔裂隙,与煤层中各种成因的甲烷气混合(Hoşgörmez et al.,2002;Flores et al.,2008;Strąpoć et al.,2011)。

可以看出,气源岩母质类型、煤层气形成途径和演化过程等是对煤层气进行成因分类的基础,而不同成因类型煤层气的气体组成特征、碳氢同位素组成特征以及气源岩生物标志物的降解特征等是准确识别煤层气成因的关键(表 1-2)。

**表 1-2　煤层气成因划分方案**

(陶明信 等,2005a,2008;陈义才 等,2007;Song et al.,2012)

| 成因类型 | | | 示踪指标 | | $R_o/\%$ | 备注 |
| --- | --- | --- | --- | --- | --- | --- |
| | | | 同位素组成 | 组分特征 | | |
| 有机成因 | 生物成因 | 原生生物气 | $\delta^{13}C_1 < -55‰$ | $C_1/\sum C_{1\sim5} > 0.95$<br>$C_1/(C_2+C_3) > 1\,000$ | $\leqslant 0.6$ | 生成早,难保存 |
| | | 次生生物气 醋酸发酵气 | $\delta^{13}C_1 < -55‰$<br>$\delta^{13}C\text{-}CO_2: -40‰\sim +20‰$ | $C_1/\sum C_{1\sim5} > 0.95$<br>$C_1/(C_2+C_3) > 1\,000$<br>$CDMI \leqslant 5\%$ | $> 0.6$ | 气源岩生物标记化合物记录相关微生物活动信息;与大气降水的混入有关,埋深较浅 |
| | | 次生生物气 $CO_2$ 还原气 | $\delta D_1: -415‰\sim -117‰$<br>$\varepsilon_{CO_2\text{-}CH_4}: 60‰\sim 80‰$ | | | |
| | 热成因 | 热降解气 | $\delta^{13}C_1 > -55‰$<br>$\delta D_1 \geqslant -250‰$<br>$\delta^{13}C\text{-}CO_2: -25‰\sim -5‰$<br>$\varepsilon_{CO_2\text{-}CH_4}: 20‰\sim 40‰$ | $C_1/\sum C_{1\sim5} \leqslant 0.95$<br>$C_1/(C_2+C_3) < 100$<br>$CDMI \leqslant 90\%$ | $0.6\sim 1.8$ | 随着热演化程度提高,煤层气 $CH_4$ 浓度提高和 $\delta^{13}C_1$、$\delta D_1$ 变重 |
| | | 热裂解气 | $\delta^{13}C_1 > -40‰$<br>$\delta D_1 \geqslant -200‰$<br>$\varepsilon_{CO_2\text{-}CH_4}: 20‰\sim 40‰$ | $C_1/\sum C_{1\sim5} > 0.99$<br>$C_1/C_2 \geqslant 3\,385$<br>$CDMI \leqslant 0.15\%$ | $> 2.0$ | |
| | 混合成因 | 混合气 | $\delta^{13}C_1: -55‰\sim -60‰$<br>$\varepsilon_{CO_2\text{-}CH_4}: 40‰\sim 60‰$ | $C_1/(C_2+C_3): 100\sim 1\,000$<br>$CDMI: 0.15\%\sim 5\%$ | $> 0.6$ | 热降解气、热裂解气与次生生物成因气的混合程度决定了其组分、同位素组成特征 |
| 无机成因 | | 幔源气 | $\delta^{13}C\text{-}CO_2 > -8‰$<br>$\delta D_1: -350‰\sim -150‰$<br>$\delta^{13}C_1 > \delta^{13}C_2 > \delta^{13}C_3$ | $CO_2 > 60\%$<br>$CDMI > 90\%$ | — | $R/Ra$、$\delta^{13}C\text{-}CO_2$ 等是鉴别无机成因气的重要依据 |
| | | 岩石化学反应气 | | | | |

### 1.1.2 煤层气地球化学特征

#### 1.1.2.1 煤层气气体组分特征

煤层气通常由 $CH_4$、$N_2$、重烃组分（$C_{2+}$）以及 $CO_2$ 等组成（Smith et al.，1985；Dai et al.，1987；Rice，1993；陶明信，2005a）。除此之外，还可能含有一些痕量组分，如 $H_2S$、CO、Ar、He、Hg 等。虽然不同煤田煤层气组分具有一定差异，但 $CH_4$ 的含量大都超过 50%。一些煤田的煤层气可能受到大气的改造，主要体现在 $N_2$ 与 $CH_4$ 浓度在浅部的负相关关系（Dai et al.，1987；Tao et al.，2007）。

在煤有机质的热演化过程中，含氮化合物受到细菌降解也能生成内生氮气。现阶段对煤层气中氮气的同位素组成特征关注较低，不过普遍认为内生有机成因氮气的同位素组成可能会较轻。陶明信（2005a）研究还表明，重烃组分（$C_{2+}$）的含量在煤有机质热演化过程中可能会先变高，随后逐渐降低。其含量最高可达20%，并以 $C_2H_6$ 和 $C_3H_8$ 较常见。随着烃类组分中碳数的增加以及埋藏深度的减小，各烃类的相对含量随之降低。Berner 等（1988）曾提出一组经验公式用于标定热成因煤层气中各种烃类组分（甲烷：$C_1$；乙烷：$C_2$；丙烷：$C_3$）的相对含量：

$$C_1(vol,\%) = 9.1\ln R_o + 93.1 \tag{1-1}$$

$$C_2(vol,\%) = -6.3\ln R_o + 4.8 \tag{1-2}$$

$$C_3(vol,\%) = -2.9\ln R_o + 1.9 \tag{1-3}$$

鉴于煤层气的生气母质来源与组成不同、煤层气形成过程和途径复杂，且成煤作用后期可能会受到构造活动等因素的影响，不同成因类型煤层气在组分浓度特征上往往具有众多不同。因此，通过分析气体组成的差异，可以对煤层气的成因类型进行初步判别，相关的判别指数有 CDMI（CDMI＝[$CO_2$]/[$CO_2$＋$CH_4$]）、$C_1/\sum C_{1\sim5}$（vol，%）和 $C_1/(C_2+C_3)$（vol，%）等。

热成因干气（$C_1/\sum C_{1\sim5} > 0.95$）一般形成于低煤阶和高煤阶煤层中，而中煤阶煤生成的煤层气多为湿气（$C_1/\sum C_{1\sim5} \leqslant 0.95$）（Clayton，1998）。与高煤阶煤生成的热裂解气类似，生物成因煤层气通常是干气（Ahmed et al.，2001；Tao et al.，2007；Moore，2012）。在遭受次生生物改造或者受到氧化的情况下，湿气往往变干。因此，许多含煤盆地浅部煤层气相对深部变干（Rice，1993）。

对于热成因煤层气而言，一般 $C_1/(C_2+C_3) < 100$；生物成因气该指标通常大于 1 000；而 $100 < C_1/(C_2+C_3) < 1\,000$ 则说明热成因煤层气与生物成因煤层气发生了混合（Faber et al.，1984；Kvenvolden，1995）。为能较好地区分湿气与干气，通常将 $C_1/(C_2+C_3)$ 与 $\delta^{13}C\text{-}CH_4$ 结合起来，进行综合分析（Faber et al.，1984；Whiticar，1990）。例如，Kotarba 等（2001）通过综合 $C_1/(C_2+C_3)$ 和 $\delta^{13}C\text{-}CH_4$ 的变化特征，认为波兰西里西亚和卢布林两个含煤盆地的煤层气是形成于

烟煤阶段的热成因煤层气与部分生物成因煤层气的混合气。

不同含煤盆地的煤层气中 $CO_2$ 含量往往有较大差异,在特殊情况下其含量可高达 99%,但是其化学性质较活泼、易溶于水(Rice,1993)。戴金星等(2001)认为,如果 $CO_2$ 相对含量达到 60%以上,可能是无机成因,而当 $CO_2$ 浓度小于 15%时,则应该是有机成因。煤有机质不同热降解程度下生成的煤层气,不仅 $CO_2$ 浓度变化大,而且 $\delta^{13}C\text{-}CO_2$ 较轻(-28‰~-10‰)(Clayton,1998)。还有学者认为,热成因气的 CDMI 指数不超过 90%,裂解气甚至低于 0.15%(Song et al.,2012)。一般认为,$\delta^{13}C\text{-}CO_2$ 重(有时达到 +18‰)、$CO_2$ 相对含量低、CDMI<5%的煤层气是微生物作用的结果;而 $\delta^{13}C\text{-}CO_2$ 轻(-5‰~-10‰)、$CO_2$ 浓度高、CDMI 指数达 99%,则其可能是外部来源气。Kotarba(1990)在研究波兰 Nowa Ruda 盆地煤层气成因时发现,该盆地煤层气气体组成和同位素地球化学特征在空间上变化很大,盆地北部 $CO_2$ 很有可能是幔源成因。Clayton(1998)进一步指出,有机质的微生物降解、碳酸盐类矿物的热解反应、干酪根脱羧基反应以及地幔成因等都有可能是煤层气中 $CO_2$ 的重要来源。

### 1.1.2.2　煤层气同位素地球化学特征

$CO_2$、$CH_4$ 和 $C_2H_6$ 等气体组分的 $\delta^{13}C$、$\delta D$ 同位素组成特征是煤层气成因识别的重要依据(图 1-2)。稀有气体同位素 $^3He/^4He$ 和地下水中 $\delta D$、$\delta^{18}O$ 等也是间接分析煤层气成因的可靠指标。Rice(1993)指出,煤层气中 $\delta^{13}C\text{-}CH_4$ 的分布范围为 -80‰~-16.8‰,$\delta D\text{-}CH_4$ 为 -333‰~-117‰,$\delta^{13}C\text{-}C_2H_6$ 为 -32.9‰~-22.8‰,$\delta^{13}C\text{-}CO_2$ 为 -26.6‰~+18.6‰。由于煤层气成因机理比较复杂,不同学者在利用上述指标判别煤层气的成因时,认识上还存在一些分歧(Rightmire,1984;Jenden et al.,1986;Rice,1993;Song et al.,2012)。

(1)不同成因煤层气中碳同位素特征

一般认为,产甲烷菌等微生物降解有机质产气时的碳同位素分馏现象使得 $\delta^{13}C\text{-}CH_4$ 变轻($\delta^{13}C$ 低于 -55‰~-60‰;Song et al.,2012)。Jenden 等(1986)认为,生物成因煤层气的 $\delta^{13}C\text{-}CH_4$ 具有更大的变化范围(-100‰~-39‰)。许多学者还把生物气进一步细分,认为 $CO_2$ 还原气的 $\delta^{13}C\text{-}CH_4$ 分布范围为 -110‰~-65‰,醋酸发酵气 $\delta^{13}C\text{-}CH_4$ 分布范围为 -65‰~-50‰(Rice,1993;戴金星 等,2003)。随着气态烃类组分碳数的增加,有机热成因气中烃类的碳同位素组成逐渐变重(戴金星 等,2003;Straṗoć et al.,2007),表现为正的 $\delta^{13}C$ 序列:$\delta^{13}C_1<\delta^{13}C_2<\delta^{13}C_3<\delta^{13}C_4$。如果烃类某一组分的碳同位素出现异常,则可能是不同来源煤层气的混合、烃类气体组分全部或部分遭受微生物的氧化降解。无机成因煤层气中轻烃组分($C_1$~$C_5$)一般为负的 $\delta^{13}C$ 序列。

Dai 等(1987)和秦胜飞等(2006)研究显示,我国主要含煤盆地中煤层气的

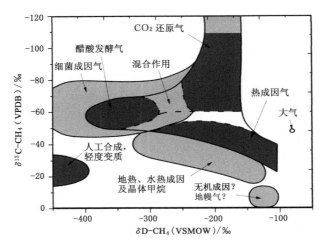

图 1-2 不同成因类型煤层气 $\delta D\text{-}CH_4$-$\delta^{13}C\text{-}CH_4$ 特征图

（Whiticar et al.，1986，1999；Rice，1993）

$\delta^{13}C\text{-}CH_4$ 组成普遍偏轻（表 1-3），造成这一现象可能的原因有很多，例如：① 煤层气的解吸-扩散；② $CH_4$ 和 $CO_2$ 的同位素交换反应；③ 后期次生生物气的混入；④ 地下水对甲烷的溶解等。秦胜飞等（2006）的研究成果表明，煤层气的解吸-扩散作用会使得 $^{12}CH_4$ 优先运移。因此，这一过程会造成煤层中解吸出来甲烷的 $\delta^{13}C$ 随时间的增加而逐渐变重。但是，上述分析仅仅局限于对甲烷 $\delta^{13}C$ 变轻的分析，没有结合 $\delta D\text{-}CH_4$、$C_2H_6$ 碳氢同位素以及 $CO_2$ 的碳同位素的变化进行系统的研究，具体的原因还有待进一步探讨。

表 1-3 我国主要煤矿区煤层气 $\delta^{13}C\text{-}CH_4$

（Dai et al.，1987；佟莉 等，2013）

| 矿区 | $CH_4$ 浓度/% | $\delta^{13}C\text{-}CH_4$/‰ |
|---|---|---|
| 淮南矿区 | 60.0～99.4 | $-50.7$～$-72.3$ |
| 阳泉矿区 | 72.5～98.9 | $-35.5$～$-50.5$ |
| 焦作矿区 | 77.3～95.9 | $-33.7$～$-36.1$ |
| 湖南矿区 | 19.8～97.6 | $-24.9$～$-41.1$ |
| 丰城矿区 | 81.0～93.6 | $-46.7$～$-54.8$ |
| 抚顺矿区 | 94.7 | $-55.8$ |
| 开平矿区 | 64.1～97.2 | $-56.7$～$-68.6$ |
| 鹤壁矿区 | 35.0～91.4 | $-55.3$～$-63.4$ |
| 淮北矿区 | 87.9～99.0 | $-58.6$～$-67.6$ |

煤层气 $\delta^{13}C\text{-}C_2H_6$ 的分布范围一般为 $-32.9‰\sim-22.8‰$，如果 $\delta^{13}C\text{-}C_2H_6$ 为 $-28‰\sim-24‰$，而 $\delta^{13}C\text{-}CH_4$ 又高于 $-55‰$，则可能是热成因煤层气与生物气的混合所致（Rice，1993；Tao et al.，2007）。Whiticar（1996）指出，Ⅲ 类干酪根热解形成的煤层气，其甲烷（$C_1$）与乙烷（$C_2$）碳同位素具有一定相关性：

$$\delta^{13}C_1=0.91\delta^{13}C_2-7.7‰ \tag{1-4}$$

如果二者没有上述相关关系，那么可能是由于次生生物气的混入、不同来源热成因气的混合，或者煤层气中的重烃组分遭受了产甲烷菌等微生物的降解。

Berner 等（1988）在前人的研究基础上，进一步对 Ⅰ/Ⅱ 型干酪根热降解煤层气中甲烷（$C_1$）、乙烷（$C_2$）和丙烷（$C_3$）的碳同位素与母质成熟度 $R_o$（%）的相关关系进行了修正：

$$\delta^{13}C_1=15.4\lg R_o-43.3 \tag{1-5}$$

$$\delta^{13}C_2=20.4\lg R_o-32.2 \tag{1-6}$$

$$\delta^{13}C_3=24.4\lg R_o-29.3 \tag{1-7}$$

戴金星等（2001）认为，对于煤层气中的 $CO_2$，如果是有机成因的，其 $\delta^{13}C\text{-}CO_2$ 要低于 $-10‰$；如果是无机成因的，其 $\delta^{13}C\text{-}CO_2$ 要大于 $-8‰$；对于地幔来源的 $CO_2$，其 $\delta^{13}C\text{-}CO_2$ 一般为 $-5‰\sim-9‰$（Fleet et al.，1998；Glasby，2006）；对于有机质热降解生成的 $CO_2$，其 $\delta^{13}C\text{-}CO_2$ 为 $-25‰\sim-5‰$；对于微生物降解有机质形成的 $CO_2$，其 $\delta^{13}C\text{-}CO_2$ 为 $-40‰\sim+20‰$（Whiticar et al.，1986），原因在于产甲烷菌还原 $CO_2$ 形成微生物成因甲烷的过程中会产生很大的同位素分馏。此外，煤层水中溶解无机碳（DIC）的 $\delta^{13}C\text{-}DIC$ 与生物成因甲烷的 $\delta^{13}C\text{-}CH_4$ 具有一定的成因联系。Warwick 等（2008）认为，二者之间的碳同位素分馏值（$\varepsilon_{CH_4\text{-}DIC}$）应该为 $-65‰\sim-69‰$。

在成煤作用后期，含煤地层往往经历了较为复杂的构造演化过程，从而导致煤层气可能存在逸散、氧化，或者受到微生物降解的现象。由于煤是不均质的，往往煤层气富集区域与氧化区域可能相距很近（Whiticar，1999）。而且，微生物对 $CH_4$ 的降解速率要比对 $C_2H_6$ 和 $C_3H_8$ 快很多，不同的降解速率可能会影响到煤层气气体组成和不同组分的碳、氢同位素组成特征。实验室结果表明，与次生生物气形成过程造成的碳同位素分馏程度相比，嗜甲烷菌等微生物氧化降解 $CH_4$ 造成的碳同位素分馏要小，$\varepsilon_{CH_4\text{-}CO_2}$ 为 $1.005\sim1.030$，但这一过程仍然很有可能对煤层气成因类型的判别产生影响。

（2）不同成因煤层气中氢同位素特征

受到煤有机质的热演化程度和地层水文地质条件等因素的综合影响，煤层气 $\delta D\text{-}CH_4$ 的变化范围较大。Song 等（2012）认为，其变化范围应该为 $-415‰\sim-117‰$；热成因气的 $\delta D\text{-}CH_4$ 不低于 $-250‰$，并且热裂解气的 $\delta D$

更不会低于$-200‰$;生物成因煤层气的$\delta D$一般为$-225‰±25‰$。但是,有学者却认为,$CO_2$还原气的$\delta D$变化范围应该为$-250‰\sim-150‰$,而醋酸发酵气的$\delta D$变化范围应该为$-400‰\sim-250‰$(Rice,1993;Whiticar et al.,1986)。Strąpoć等(2007)进一步指出,与气态烃各组分碳同位素变化特征类似,随着碳数的增加,其$\delta D$的同位素组成也具有一定规律,即:

$$\delta D_{C_1}<\delta D_{C_2}<\delta D_{C_3}<\delta D_{C_4} \tag{1-8}$$

微生物成因的$CH_4$中$\delta D\text{-}CH_4$与水中$\delta D\text{-}H_2O$存在一定的内在联系。对于$CO_2$还原途径形成的$CH_4$,所有的氢都来源于水,而醋酸发酵形成的$CH_4$,只有一个氢来源于水。Whiticar等(1986)将不同$CH_4$生成途径下的氢同位素分馏程度总结为如下两个方程:

$$\delta D\text{-}CH_4=\delta D\text{-}H_2O-180‰ \tag{1-9}$$

$$\delta D\text{-}CH_4=0.143\delta D\text{-}H_2O-384‰ \tag{1-10}$$

并且,如果煤层气是由上述两种途径共同形成的,其各自的相对份额可以根据以下方程进行确定(Jenden et al.,1986):

$$f=\frac{\delta D\text{-}H_2O-\delta D\text{-}CH_4-160‰}{0.857\delta D\text{-}H_2O+233‰} \tag{1-11}$$

式中,$f$代表醋酸发酵气所占的份额。

在进行煤层气成因类型判识过程中,将$\delta^{13}C\text{-}CH_4$、$\delta D\text{-}CH_4$、$\delta^{13}C\text{-}CO_2$、CDMI、$R_o$以及$C_1/(C_2+C_3)$等指标结合起来,可以有效区分单一指标下处于重叠区间的各种成因类型的煤层气(Ahmed et al.,2001;Warwick et al.,2008)。例如,Kotarba等(2001)在分析波兰西里西亚盆地的煤层气成因时,通过结合该盆地的沉积埋藏条件等地质特征,并综合分析上述地球化学指标,认为该盆地的煤层气是在热成因气的基础上,叠加了后期次生生物成因气。在判识淮北煤田芦岭煤矿煤层气成因类型过程中,佟莉等(2013)通过综合分析煤层气气体组成特征、$\delta^{13}C\text{-}CH_4$、$\delta D\text{-}CH_4$,以及产出水的$\delta D\text{-}H_2O$的同位素组成特征,发现$\delta D\text{-}CH_4$与$\delta D\text{-}H_2O$恰好符合方程(1-9)中的规律,从而确定该矿区煤层气是$CO_2$还原成因。现阶段,对煤层气成因问题的研究,已不仅仅是通过分析气体组成特征以及同位素等地球化学指标进行成因类型的定性判别,更多的是需要对某一矿区煤层气的成因机理和富集过程等进行深入分析,进而确定各成因类型煤层气的赋存分布规模、恢复不同成因煤层气的成藏过程,以及资源开发前景(Strąpoć et al.,2007;Tao et al.,2007)。

### 1.1.2.3 煤层气中的稀有气体

尽管在煤层气中稀有气体所占份额非常有限,但是却保留了许多与煤层气成因、演化相关的关键地球化学信息,进而能够为煤层气成因的识别提供依据。

目前,关于煤层气中稀有气体等痕量组分的研究相对较少,仅开展了一些关于氦及其同位素 $^3He/^4He$ 的初步研究。

大气中氦同位素比值 $^3He/^4He(Ra)$ 约为 $1.4 \times 10^{-6}$,而壳源 Ra 为 $2.0 \times 10^{-8}$,幔源 Ra 则为 $1.1 \times 10^{-5}$(Mamyrin et al.,1970)。不同条件下 $^3He/^4He$ 同位素组成具有数量级上的差异。因此,可以通过对煤层气中 $^3He/^4He$ 组成的分析,判别其是否受到其他来源气体混入的影响。例如,戴金星等(2001)就对我国已发现的无机成因气藏进行全面研究,认为壳源成因的气藏,其 R/Ra<1,幔源成因的无机气藏,其 R/Ra>1。Zhou 等(2005)在美国 San Juan 盆地分析煤层气成因过程中,通过分析煤层气中 $^3He/^4He$ 比值,认为该含煤盆地中煤层气有幔源成因气的混入。Tao 等(2007)在分析淮南煤田煤层气成因过程中,也进行了 $^3He/^4He$ 比值分析,并对幔源气等无机成因气的贡献进行了评价。

### 1.1.3　煤层气的成因机制

煤层气的成因机制比较复杂,不同含煤盆地在气源岩有机质类型和成熟度等方面存在较大差异。因此,仅仅通过同位素组成的分析仍不能对煤层气的形成机理做出合理的解释(Kotarba,1990;Whiticar,1990)。而且,煤层气成因机理研究,也不能仅局限于对煤层气本身的分析上,还需要对煤层气形成过程中气源岩中有机质组分的降解特征以及地层水文地质条件等多个方面进行深入研究。例如,腐泥煤一般富氢,其烃类组成主要是饱和烃,而多环芳烃与其他含氧官能团类较少。因此,有机质在热演化过程中以生成液态烃为主,气态烃仅仅是伴生产物,而且其中的重烃组分含量还比较高。与此相反,腐殖煤则相对富氧贫氢,饱和烃含量相对较低,有机质在热演化过程中主要生成气态烃,虽然在成煤作用特定阶段生成的煤层气仍属湿气,但重烃组分的含量较腐泥煤要明显偏低(陈义才 等,2007)。由此可见,不同成因类型煤层气形成过程中,气源岩有机质的降解和演化特征需要进行深入研究。

#### 1.1.3.1　生物标志物的组成和降解特征

在热演化和产甲烷菌等微生物的降解作用下,气源岩中的有机质进一步演化生成煤层气。但是,不同的作用机制下,其降解特征不尽相同,这主要体现在饱和烃和芳香烃等生物标志化合物的降解特征的差异上。因此,通过对气源岩的生物标志化合物的演化特征进行研究,有助于认识煤层气的形成过程,掌握形成不同成因煤层气的过程机制(Formolo et al.,2008;Gao et al.,2013)。

在石油地质研究领域,关于烃类组分的生物降解特征研究很早就已经展开(表 1-4)。研究显示(Peters et al.,2005;Formolo et al.,2008),不同系列生物标志物的抗生物降解能力通常表现为:正构烷烃<类异戊二烯烷<甾烷<藿烷/重

排/甾烷＜芳构化甾烷＜卟啉。但是,前期研究也表明,在页岩和含煤地层中,烃类组分的抗生物降解能力与石油相比还是存在较大差异,主要表现在微生物对芳香烃的降解特征似乎要更容易进行(Ahmed et al.,1999;Formolo et al.,2008;Furmann et al.,2013;Gao et al.,2013)。

表 1-4　各种生物标志化合物的抗生物降解能力序列表(Peters et al.,2005)

| 生物标志化合物序列 | | 生物降解程度 | | | | |
|---|---|---|---|---|---|---|
| | | 非常轻微 | 轻微 | 中度 | 严重 | 强烈 |
| $C_1 \sim C_5$ 烷烃 | 甲烷 | | | | | |
| | 乙烷 | | | | | |
| | 丙烷 | | | | | |
| | 正构丁烷 | | | | | |
| | 异构丁烷 | | | | | |
| | 戊烷 | | | | | |
| $C_6 \sim C_{15}$ HCs | 正构烷烃 | | | | | |
| | 异构烷烃 | | | | | |
| | 类异戊二烯 | | | | | |
| | 苯系芳香烃 | | | | | |
| | 烷基环己烷 | | | | | |
| $C_{15} \sim C_{35}$ HCs | 正构/异构烷烃 | | | | | |
| | 类异戊二烯 | | | | | |
| | 萘系列 | | | | | |
| | 菲系列 | | | | | |
| | 䓛系列 | | | | | |
| $C_{15} \sim C_{35}$ 生物标志化合物 | 规则甾烷 | | | | | |
| | $C_{30} \sim C_{35}$ 藿烷 | | | | | |
| | $C_{27} \sim C_{29}$ 藿烷 | | | | | |
| | 三芳甾烷 | | | | | |
| | 单芳甾烷 | | | | | |
| | 伽马甾烷 | | | | | |
| | 奥利烷 | | | | | |
| | $C_{21}-C_{22}$ 甾烷 | | | | | |
| | 三环萜烷 | | | | | |
| | 重排甾烷 | | | | | |
| | 重排藿烷 | | | | | |
| | 25-降藿烷* | | | | | |
| | 升藿烷* | | | | | |

注:上述规律代表了化合物降解的总体趋势,不同的降解模式(富氧和厌氧)和不同的降解菌种会改变某些化合物的顺序。苯系芳香烃指苯、甲苯、乙苯和二甲苯。表中灰色虚线表示该化合物开始降解,灰色实线表示化合物充分降解,黑线表示彻底降解;＊表示25-降藿烷和升藿烷由生物降解过程中产生。

（1）饱和烃指标

在正常热演化的油气藏中，正构烷烃一般是饱和烃的主要组分。但是，其也最容易遭受微生物降解。当正构烷烃 TIC 谱图上表现出主峰碳数较高，且为单峰分布时，应该是正常热演化特征的体现；而当表现出双峰模式时，则可能与微生物的降解有关（Ahmed et al.，1999；Formolo et al.，2008；Furmann et al.，2013）。有机质烃类组分的生物降解过程中，一般认为优先消耗直链饱和烃，低碳数的正构烷烃（$nC_8 \sim nC_{12}$）最先遭受降解（Ahmed et al.，2001）。

碳优势指数（CPI）和奇偶优势比（OEP）是重要的有机质物源和成熟度判别指标。在以陆源有机质为主的含煤地层中，其正构烷烃往往具有明显的奇碳优势，即 OEP＞1.0，CPI＞1.0。偶碳优势（OEP＜1.0，CPI＜1.0）则说明有机质组成是以低等生物的输入为主。随着有机质成熟度的增加，奇碳或偶碳优势逐渐消失，OEP 和 CPI 逐渐接近 1.0（Formolo et al.，2008；Gao et al.，2013）。但是，在以往研究中也发现存在低 CPI 特征的煤有机质（Papanicolaou et al.，2000；Havelcová et al.，2012）。

姥植比（Pr/Ph）是判别古环境和有机质遭受降解程度的重要有机地球化学指标。碳数小于 20 的规则类异戊二烯一般来源为高等植物叶绿素微生物降解作用下形成的植醇。植醇在强还原条件下以转化为植烷（Ph）为主；在以成煤环境为代表的弱氧-弱还原化环境下，易转化为姥鲛烷（Pr）（Peters et al.，1993；程克明 等，1995）。但是，Peters 等（1993）认为，当 Pr/Ph 为 0.8～2.5 时，不建议用于探讨古环境。此外，$Pr/nC_{17}$ 和 $Ph/nC_{18}$ 不仅能够提供成熟度方面的信息，并且还可以用来分析微生物对甲基侧链与直链饱和烃的降解程度。上述两个参数随成熟度的增加而变小，随降解程度的增加而变大（Peters et al.，1993，2005；Gao et al.，2013）。

一般认为，萜烷中藿烷系列是微生物来源，而甾烷能够很好地反映其母质类型。甾烷 $C_{29}$ 20S/20（R＋S）、藿烷 $C_{31}$ 22S/22（R＋S）和 Ts/（Ts＋Tm）等均能够提供有机质热演化程度方面的信息。较低的 Ts/（Ts＋Tm）除了说明有机质成熟度较低外，还有可能是有机质遭受微生物降解的结果。但是，一般情况下藿烷的抗生物降解能力很强，即使有机质遭受了一定程度的降解，其也能够保留最初的热成熟度信息（Formolo et al.，2008）。甾烷系列生物标志化合物抗生物降解能力的顺序一般为：$\alpha\alpha\alpha 20R＜\alpha\alpha\alpha 20S＜\alpha\beta\beta 20R＜\alpha\beta\beta 20S＜$ 重排甾烷（程克明 等，1995）。另外，Peters 等（2005）指出，甾烷和藿烷系列化合物的生物降解受较多因素控制。比如，不同类型的微生物对萜类化合物降解的选择性差异较大。

（2）芳香烃指标

Formolo 等（2008）指出，与石油的生物降解不同，煤有机质中菲和萘系列化合物可以优先于某些饱和烃组分发生降解，并且随埋藏深度的增加，其降解程度逐渐降低。菲系列中，各化合物抗降解的先后顺序为 TeMP＜P＜TrMP＜DMP≈MP。甲基菲指数还可以提供有机质成熟度方面的信息。杂环、多环芳烃组分中，䓛系列化合物组成特征能够反映沉积环境，弱氧化环境下氧䓛的含量要高于䓛和硫䓛的含量。Straṕoc 等（2011）认为，杂环芳烃类容易受到微生物降解，并形成大量次生生物气。上述研究结果显然与油气藏中芳烃组分较难降解的规律存在显著的不同。

　　Gao 等（2013）也指出，煤和泥页岩中有机质的生物降解特征与石油相比差别很大，而且产气途径也不尽相同。这与煤/泥页岩的孔隙结构特征、气源岩的有机质组成和类型等关系密切。Formolo 等（2008）还发现，在遭受微生物降解作用下产气的过程中，煤岩有机质中生物标志物的降解特征与成熟度的高低关系不大。Lloyd 等（2021）的研究表明，煤中的脱甲氧基是一个有机大分子的微生物降解过程，厌氧脱甲基过程为产甲烷过程提供了充足的有机小分子物质基础。由此可见，在次生生物成因煤层气形成过程中，关于煤有机质生物降解特征的认识还十分薄弱，而且部分研究还是参考了微生物降解原油的研究成果。更为甚者，少有学者从煤有机质生物降解的角度关注次生生物气富集成藏过程。

### 1.1.3.2　与生物气有关的水文地球化学特征

　　近几年，对煤层气形成机理和过程机制的认识不断深入，研究对象也突破了以往仅对煤层气地球化学特征的分析局限。其中，与次生生物成因煤层气形成有关的物理化学条件的研究开始受到人们的重视，主要表现在对含煤盆地中地层水的水化学特征和煤有机质降解的微生物学研究等方面（Martini et al.，1998；Aravena et al.，2003；McIntosh et al.，2004，2008b；Thielemann et al.，2004；Green et al.，2008；Midgley et al.，2010；Straṕoc et al.，2011；Furmann et al.，2013）。

　　Aravena 等（2003）的研究发现，加拿大 Elk Valley 盆地地层水补给区的溶解无机碳（DIC）浓度较低，且其 $\delta^{13}C\text{-}CO_2$ 同位素组成偏轻，而在排泄区溶解无机碳（DIC）的浓度逐渐较高，$\delta^{13}C\text{-}CO_2$ 同位素组成也偏重。通过综合分析相关水化学参数，他们认为该含煤盆地地层水中的 $CO_2$ 与微生物降解有机质有关，并且该地区的煤层气也是次生生物成因。McIntosh 等（2004，2008b）也对密歇根盆地和森林城盆地地下水的水化学特征以及 $\delta D$、$\delta^{18}O$ 等同位素组成特征进行了分析，发现大气降水和地表水对含煤地层水具有一定的补给作用；通过深入研究地层水中 Ca/Mg、Ca/Sr 比值与地层水碱度的变化规律，建立了 Cl-Br-Na 地层水水化学演化模型。他们认为，微生物降解有机质生成 $CH_4$ 和 $CO_2$ 是研究区地下水水化学特征发生变化的主要原因。Thielemann 等（2004）还在煤层气井产出水中发现了活体产甲烷菌。由此，他们认为，研究区含煤地层中的煤层气可能与微生物的活动有关。在排除了醋酸菌发酵产气以及 $CO_2$ 还原菌产气的可能之后,他们认为,自然界还可能存在厌氧产甲烷菌直接降解坚硬煤岩,并生成甲烷的新途径。

有学者还在扫描电子显微镜微米尺度上发现了煤岩中的产甲烷菌群落(Strąpoć et al.,2011;Moore,2012),这也成为微生物能够降解煤有机质,并形成次生生物气最为有力的直接证据。Midgley 等(2010)尝试在实验室中对含煤盆地地层水样品中的微生物进行富集培养,随后采用 16S rRNA 基因检测技术对微生物的种属进行了鉴定,并发现了多个种属的产甲烷菌。通过对温度、pH 值和煤颗粒大小等条件的控制,Green 等(2008)还开展了煤有机质的微生物降解产气实验。这类实验在煤层气生物工程方面具有非常重要的意义。国内也有部分学者进行此方面的探索(王爱宽 等,2010;Bao et al.,2016;He et al.,2016;Su et al.,2018;Zhao et al.,2022)。通过对煤岩粒度、底物类型、水化学条件等的控制,他们认为,不同配比和不同类型的浸出液对生物气的形成具有明显的抑制或激发作用,较小颗粒的煤岩能够提高煤层气的产率,添加不同比例的矿井水也可以不同程度地增加微生物成因甲烷的产量。

### 1.1.3.3　生物气的形成机理

微生物成因甲烷的生成途径与形成过程研究一直都是生物地球化学、环境科学、能源地质学等领域的研究热点。900 m 以浅的地球表层含有占全球约一半的生物质能源。并且,全世界大约有 20% 的天然气是由于微生物形成的(Rice et al.,1981;Rice,1993;Rightmire,1984;Whiticar,1999)。研究表明,英国北海地球第三系和上白垩系岩层中 400~1 500 m 范围内都有生物成因甲烷的赋存,而 1 350~1 800 m 范围内有微生物成因和热成因甲烷的混合气存在(Flores et al.,2008)。可见,微生物成因甲烷在以煤为代表的沉积地层中的分布十分广泛。

（1）生物气的形成机制

生物成因气的形成需要有合适的沉积有机质类型、适宜的温度、强还原性环境,以及较快的有机质沉积速率等。在氧化-弱氧化条件下,微生物氧化降解有机质的过程中,可选择的电子受体有很多(Brinck et al.,2008),如硝酸盐、$Fe^{3+}$等。而在还原环境下,厌氧氧化有机质是一个多步的反应过程,需要不同种类的微生物共同作用。例如,硫酸盐还原菌和铁还原菌不能直接利用有机质大分子,它们需要其他微生物打破这些大分子中的各种化学键。其中,醋酸发酵菌就能打破脂肪酸侧链的共价键,使之形成低分子的有机酸,例如乙酸和乳酸。

氢原子和低分子量的有机酸被微生物降解利用的过程中,有机酸被氧化成二氧化碳,氢结合有机分子中的氧转化成水,并向 $SO_4^{2-}$ 和 $Fe^{3+}$ 转移电子。

各种细菌竞相通过氢进行氧化反应降解有机质获得能量。因此,有机质可提供的能量越多,所需氢的量就越少,那么这类有机质就越容易被微生物利用(图 1-3)。各种电子受体优先被氧化利用的序列如下:硝酸盐＞锰＞铁＞硫酸盐＞重碳酸根。

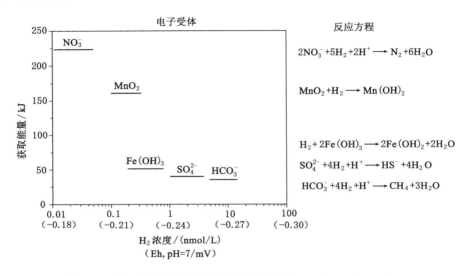

图 1-3　厌氧条件下末端电子受体典型序列(Brinck et al.,2008)

微生物成因甲烷的形成过程中,有机分子要先被降解成还原态有机化合物,例如有机酸、醇类等。之后,这些有机分子再进一步分解为乙酸、$H_2$ 和 $CO_2$ 等。最后,由醋酸发酵菌或 $CO^2$ 还原菌进一步生成甲烷(Strapoć et al.,2011)。这一过程至少需要水解菌、氢还原菌、同型乙酸菌和产甲烷菌等多种还原性微生物的共同作用。由于产甲烷菌细菌体内的各种酶抗氧化能力差,对氧分压、硝酸盐等十分敏感,只有在强还原环境下($Eh<200\ mV$)才能大量繁殖。因此,微生物成因甲烷的形成条件较为苛刻(Whiticar,1999)。

(2)生物气的形成途径

产甲烷菌等微生物只能利用相对较少的几种简单的化合物(基质)获取能量。因此,基质类型(竞争性基质和非竞争性基质)和有机质转化过程的研究是探索生物成因甲烷形成机理和形成途径的重要内容。竞争性基质可以被硫酸盐还原菌和铁还原菌等其他细菌利用,从而导致不同细菌对有限的营养物质的争夺,大大限制了产甲烷菌的新陈代谢活动,进而限制微生物成因甲烷的生成。一般认为,只有在硫酸盐消耗殆尽、硫酸盐还原菌的活性受到限制以后,才能进入甲烷的生成阶段。而非竞争性基质不能被硫酸盐还原菌等其他细菌利用,产甲烷菌可以直接利用并生成甲烷,但是相关研究较少。

① 竞争性基质下甲烷生成

竞争性基质包括 $CO_2$、醋酸、醇类和甲酸盐等。产甲烷菌可以根据基质类型分为 3 类:氢营养型、醋酸营养型和甲基营养型(Whiticar,1999)。$CO_2$ 还原产气的机理可表述为:

$$CO_2 + 8H^+ + 8e^- \longrightarrow CH_4 + 2H_2O \tag{1-12}$$

醋酸发酵过程的产气机理为:

$$^*CH_3COOH \longrightarrow {}^*CH_4 + CO_2 \tag{1-13}$$

其中,* 表示转换为甲烷的甲基。

在硫酸盐含量高于 200 $\mu mol/L$ 的水体中,由于硫酸盐还原菌较产甲烷菌在竞争性基质方面具有优势,造成微生物成因甲烷的生成受到制约。硫酸盐消耗殆尽,硫酸盐还原菌活性降低之后,甲烷的生成才逐渐开始。通常情况下,在较深的海洋沉积物中,$CO_2$ 还原产气是微生物成因甲烷的主要形成途径;在淡水低硫酸盐环境下,一旦厌氧条件形成,由于硫酸盐还原菌活性受到抑制,短链脂肪酸可以分解为醋酸等,供醋酸发酵菌等产甲烷菌利用,因此,在淡水环境下,醋酸发酵产气所占比例约为 70%,$CO_2$ 还原产气和甲基降解产气约为 30%。

② 非竞争性基质下甲烷生成

非竞争性基质不是硫酸盐还原菌等其他细菌新陈代谢所必需的,因此,产甲烷菌利用此类化合物生成甲烷,不受硫酸盐还原菌等的干扰。在这种条件下,即使水体中具有高浓度的硫酸盐和硫化氢,也可以生成大量的甲烷。一般认为,非竞争性基质下,微生物成因甲烷的生成途径有乙酸营养型和甲基营养型两种。非竞争性基质的种类主要有 3 类(图 1-4):醇类、甲胺和甲基硫化物等(Mitterer,2010)。其中:a. 甲基硫化物包括二甲基硫醚和甲硫醇等。这类物质主要是在还原条件下,硫化物轰击甲基有机质形成。除了作为甲烷生成的基质之外,其另一个作用是阻止甲烷的氧化分解。b. 甲胺:源于碳酸盐沉积物中的蛋白质基体。海洋生物蛋白质水解成多肽和氨基酸,进而转换成胺类。由于沉积碳酸盐矿物表面能够吸附这类物质,且这类物质还可以进一步转变成简单的化合物,因此,这类有机分子易于被产甲烷菌利用。

然而,非竞争性基质下微生物成因甲烷形成的相关研究较少,其重要性还不能被确定。已有的研究显示(Mitterer,2010),在稻田、盐沼及一些湿地环境中,此种途径生成的甲烷可能是大气中甲烷的重要来源。通常认为,非竞争性基质下微生物成因甲烷的生成途径可以表述为:

$$4CH_3\text{-}A + 2H_2O \longrightarrow 3CH_4 + CO_2 + 4A\text{-}H \tag{1-14}$$

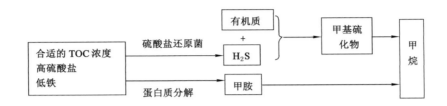

图 1-4　非竞争性基质下微生物成因甲烷的生成机理（Mitterer，2010）

### 1.1.4　构造演化对煤层气成藏的影响

构造作用通过对煤层埋藏史和受热史的控制，影响了煤层气的生成和聚散史，从而控制着煤层气的富集成藏演化过程（窦新钊 等，2012；Bao et al.，2016）。煤化作用初期，浅层埋藏条件下的有机质成熟度较低。在这一阶段，产生了大量的原生生物成因甲烷。但是，由于没有稳定的盖层，这些甲烷没有得到很好的保存，大部分被释放到大气中。朱苏阳等（2016）指出，煤有机质在其演化过程中会生成大量的烃类气体，累计生烃量可达 $100\sim280$ m³/t。然而，煤层气的保存量却只有 $5\sim30$ m³/t。在连续沉积和埋藏过程中，煤化作用持续进行，煤岩成熟度不断升高，会生成大量的热成因气。然而，由于后期构造活动，大部分热成因气体在长期地质历史中丢失（Guo et al.，2020）。与此同时，次生生物气的形成往往与含煤地层的抬升有关。伴随着地表淡水的下渗，营养盐和产甲烷菌等微生物被接种到含煤地层中，从而通过分解煤有机分子生成大量次生生物成因甲烷（Brinck et al.，2008；Golding et al.，2013；Tao et al.，2007，2020）。另外，地表淡水对构造裂缝的封堵作用也是煤层气保存的一个重要因素。很显然，要阐明煤层气的富集和演化，需要对含煤盆地的构造演化和水文地质过程进行综合分析。

### 1.1.5　水化学对煤层气成因成藏过程的揭示

前人研究结果表明（Zhang et al.，2009，2018；Pashin et al.，2014），煤层水的水文地球化学特征能为煤层气的成因类型、成藏条件、富集程度等方面提供间接性的依据和指标。Schlegel 等（2011）指出，富有机质、还原环境（Eh＜200 mV）、pH＝4～9 等水体条件对生物气的成藏是有利的。溶解无机碳（DIC）的变化能够反映碳的生物地球化学行为，其偏重的碳同位素组成主要与富有机质系统的甲烷生成有关（Bao et al.，2019；Guo et al.，2012）。例如，我国淮北宿州矿区煤层产出水中 $\delta^{13}$C-DIC 值为 21.1‰～26.0‰；美国 Black Warrior 盆地 Pennsylvanian 烟煤产出水中 $\delta^{13}$C-DIC 值为 2.8‰～13.1‰；美国 Powder River 盆地 Tertiary 半烟煤产出水中 $\delta^{13}$C-DIC 值为 12.0‰～22.0‰。以上 3 个研究区均发现了生物成因甲烷的存在(Jennifer et al.,2008;Sharma et al.,2008;Li et al.,2015)。地表淡水顺着裂缝渗入煤层,给煤层带来微生物和营养盐,从而导致生物成因甲烷的形成(Golding et al.,2013;Tao et al.,2020)。在还原的水体环境中,当 $SO_4^{2-}$ 浓度被硫酸盐还原菌消耗殆尽时,产甲烷菌就开始在煤层水中占主导地位,并以 $CO_2$ 还原途径生成甲烷(Brinck et al.,2008;Martini et al.,1998)。所以,对气体化学和水化学的综合分析,是评价煤层气成因成藏过程的一个行之有效的途径。

## 1.2　目前存在的问题

煤层气地球化学特征能够很好地反映煤层气成因、运移和演化等过程。然而由于煤层气的生成涉及产气母质、成煤环境条件和地层水的赋存等多方面内容,对煤层气成因机理的研究不能仅仅局限在煤层气本身,需要将煤层气生成过程中煤岩有机分子(例如生物标志化合物)的组成特征、烃类组分同位素变化特征和煤层气气体组分的地球化学特征等综合起来进行系统研究。结合目前煤层气地球化学研究多学科交叉的发展趋势,以下几个方面需要注意:

(1) 以往研究过程中,多根据同位素组成和气体组分特征分析,判别研究煤层气成因类型。然而,由于地质构造演化过程的复杂性,即使同一个聚煤盆地也可能赋存多种成因类型的煤层气。不同成因类型煤层气形成运移特征和富集规律的研究需要进一步加强,不同成因类型煤层气的资源前景需要科学评价。

(2) 在地质历史时期煤层气同位素分馏现象可能会制约其在煤层气成因判识方面的应用。因此,煤层气成因机理等问题的探讨,不能仅仅局限在对煤层气本身进行研究。例如,在进行次生生物成因煤层气判识过程中,需要结合煤层气形成的环境条件等,分析地下水氧化还原条件和微生物活动的强度,进行煤层气成因机理、形成过程和富集规模的综合研究。

(3) 在生物成因煤层气形成过程研究中,开展煤有机质生物降解特征分析对深化煤层气成因机理的认识至关重要。并且,这方面的研究对实现煤层气生物工程的产业化发展,进而提高煤炭利用率方面也具有重要意义。但是,国内外关于这方面的研究比较欠缺。

## 1.3　研究内容

围绕煤层气成因成藏过程,本研究选取淮北宿东向斜、宿南向斜和盘州土城向斜作为工作区,通过对研究区煤田地质条件的深入调研和系统采样分析,分别从煤层气地球化学特征、含煤地层地层水化学组成与演化特征以及气源岩生烃特征和生物标志化合物的生物降解特征等方面,对煤层气成因机理及其地球化学特征进行深入研究,以期掌握淮北宿东向斜、宿南向斜和盘州土城向斜煤层气成因类型和富集特征,查明在复杂构造演化条件下煤层气成因机理和地层水对其控制作用,并阐明生物成因煤层气形成过程中气源岩有机质的降解特征,为煤层气勘探开发选区提供科学依据。主要工作内容如下:

(1)煤层气地球化学特征及其成因。根据各矿区的地质特征和开采条件,选取具有代表性矿井和煤层气井进行地质观测和煤层气样品的采集,系统研究各矿区煤层气气体组成和甲烷、二氧化碳的同位素组成特征,进而对煤层气的成因和富集特征进行判识。

(2)地层水化学特征及其对煤层气生成的控制作用。通过对研究区水文地质调查与采样,阐明煤系含水层的水文地球化学过程,进而结合地层水中溶解气、溶解无机碳(DIC)和硫酸盐等的同位素组成特征,分析地层水的化学演化过程及产甲烷菌等微生物活动,以此判断生物成因煤层气生成的方式和强度。

(3)气源岩生物标志化合物的降解特征。结合煤和煤层顶板碳质泥岩的生烃性能分析,对各矿区含煤地层煤和泥岩的生物标志化合物组成特征进行研究,进而确定含煤地层物源组成和沉积环境。通过对煤和泥岩生物标志化合物的生物降解特征的分析,阐明气源岩生物标志物的生物降解特征,并与石油的生物降解特征进行对比。

(4)地层水化学演化和气源岩的降解对煤层气生成和富集的控制作用。在掌握了煤层气地球化学特征及成因的基础上,通过煤系地层水的水文地球化学、微生物的活动范围与活动强度、煤和泥岩生物标志物的生物降解等特征对比,阐明地层水和气源岩的生物降解程度对煤层气生成和富集的控制作用。

# 1.4  主要成果及创新点

本书通过对研究区煤田地质条件的深入调研和系统采样分析,对淮北宿东向斜、宿南向斜和盘州土城向斜煤层气成因机理和富集特征进行了研究,主要成果和创新点如下:

(1)结合煤层气气体组分、同位素组成特征和区域构造演化过程,在对煤层气的成因类型判识的基础上,阐明了不同成因类型煤层气在空间上的分布规律。同时,通过对不同成因类型煤层气的赋存特征进行研究,评价了不同矿区煤层气资源前景。完善了排水法煤层气采样方法。通过添加 HCl 溶液调节 pH 值,排除溶解的 $CO_2$ 的干扰,添加 $HgCl_2$ 进行杀菌,排除微生物活动对煤层气的影响。

（2）采用地层水化学组分中不同离子的比值，确定了地层水的端元组成；在对地层水水岩交换反应进行分析的基础上，阐明了地层水中溶解无机碳、溶解有机碳和硫酸根浓度及相关同位素组成特征，揭示了地层水中次生生物气的形成特征和形成途径。

（3）在深入研究煤/泥岩中有机质物源组成、沉积环境以及生烃性能的基础上，阐明了气源岩生物标志化合物的生物降解特征，并与石油的生物降解特征进行了对比；论证了气源岩生物降解程度与次生生物气生成和赋存的耦合关系。

# 第2章  区域地质概况

## 2.1  淮北煤田区域地质概况

淮北煤田位于华东腹地、安徽省北部,东经 $115°58'\sim117°12'$,北纬 $33°20'\sim34°28'$,含煤面积约 4 100 km²。区内广泛发育有石炭-二叠系含煤地层,含煤地层总厚度可达 1 300 m,其中 2 000 m 以浅煤炭资源量约为 376 亿 t。并且,煤层气资源也十分丰富,整个煤田蕴含的煤层气资源总量达到 3 159 亿 m³(黄文辉,1999;吴建国 等,2005;屈争辉 等,2008;Jiang et al.,2010),具有广阔的勘探开发前景。

根据构造地质特征,整个煤田以宿北断裂为界,分为北部的濉萧矿区和南部的涡阳矿区、临涣矿区和宿州矿区。

### 2.1.1  区域构造演化特征

淮北煤田东部为扬子板块,以郯庐断裂为边界,南部为淮南煤田,二者中间为蚌埠隆起。在大地构造单元上,淮北煤田位于古华北板块东南缘丰沛隆起和蚌埠隆起之间,受大别-郯庐-苏鲁造山带演化的控制,主要表现为北-北东向构造改造早期的东西向构造。区内构造样式以线性紧闭褶皱和逆冲叠瓦断层为显著特征(姜波 等,2001;屈争辉 等,2008;Wu et al.,2011)。

在晚太古代至早元古代,研究区经受了两期强烈的构造运动,形成了变质结晶基底。在基底形成过程中,形成了东西向区域性的基底褶皱以及平行于轴向的压性断裂。晚元古代蓟县运动造成研究区震旦系上统地层抬升并遭受剥蚀,导致与寒武系地层以假整合方式接触(韩树棻 等,1993)。

早古生代中奥陶世晚期开始,由于受到加里东构造运动的影响,华北板块南缘由新元古代晚期洋壳扩张转化为板块俯冲(闫全人 等,2009),本区地层抬升并遭受了长期的剥蚀,造成了研究区从晚奥陶世一直到早石炭世期间的地层缺失。这期间的构造活动表现为整体的升隆,褶皱、断裂以及岩浆活动基本都不强烈,层间接触关系以平行不整合接触(武昱东,2010)。

从晚石炭世开始,研究区再度缓慢下降,并接受沉积,因此,本区上石炭统和二叠系广泛发育了一套海陆交互相的含煤沉积地层,为煤层气的形成提供了充足的物质基础。海西期之后,本区构造格局和沉积特征保存稳定,广泛发育陆源沉积,煤层埋深迅速增加,为煤层气的储集和保存提供了必要的条件。

中生代印支期和燕山期的构造运动导致华北板块与扬子板块发生强烈的碰撞,形成了大别-苏鲁造山带(翟明国 等,2004;侯泉林 等,2007,2008)。郯庐断裂的左旋平移运动造成华北板块东南边缘发育了一系列的北-北东逆掩构造。与此同时,岩浆活动也较为强烈(王桂梁 等,1992;琚宜文 等,2002,2010,2011)。由于构造活动较为强烈,研究区二叠系和三叠系的地层都受到不同程度的剥蚀,甚至完全缺失(韩树棻 等,1993;武昱东,2010;Wu et al.,2011)。

新生代喜马拉雅期本区构造运动由挤压体制转变为伸展体制,表现为断块差异运动,并由此发育了一系列张性断裂(卫明明,2014)。直至第四纪,淮北煤田仍以沉降为主,广泛发育冲积-洪积相碎屑沉积。

### 2.1.2　岩浆活动

自晚太古代五台期至新生代喜马拉雅期,淮北煤田经历了多期的构造活动,由此导致了多期次、不同程度的岩浆侵入作用,其中最为强烈的是中生代燕山期的岩浆侵入活动,造成岩浆岩在本区含煤地层中有较广泛的分布(武昱东,2010)。侵入研究区的燕山期岩浆岩侵入体岩性主要有 4 种:花岗斑岩、闪长玢岩、闪斜煌斑岩和辉绿岩-辉绿玢岩。

研究区仅在丁里、烈山、赵集等推覆体前缘地区有岩浆岩体出露地表,多数岩浆岩体为隐伏性岩体。岩浆岩的分布主要受北-北东向断裂控制,少数呈东西向和北西向分布,主要分布在煤田的北部及宿北断裂两侧。侵入方式多以岩床、岩株、岩墙、岩脉等顺层侵入含煤地层,甚至煤层中(卫明明,2014)。

岩浆岩侵入煤层使煤层出现分叉合并等现象,煤层夹矸的增多,降低了煤层的稳定性。而且,岩浆作用造成了煤的变质程度增大,近岩浆岩处多变为天然焦或无烟煤,煤的种类变得复杂,影响了煤的工业利用价值。但是,岩浆热作用也促进了煤的热演化过程的进行,从而生成较多的煤层气。

### 2.1.3　含煤地层及其沉积特征

#### 2.1.3.1　含煤地层

淮北地区地层自下而上包括太古界(五河群、霍邱群、凤阳群)、上元古界(青白口系、震旦系)、古生界(寒武系、奥陶系、石炭系、二叠系)、中生界(三叠系、侏罗系和白垩系)和新生界(古近系、新近系和第四系)。由于松散层厚度大、覆盖广,本区基岩很少出露,整个煤田都隐伏在松散层之下。含煤地层总厚度超过 1 300 m,主要分布在石炭系和二叠系。

石炭系本溪组和太原组含薄煤层均不可采;二叠系山西组和下石盒子组为

主要含煤层位,上石盒子组所含煤层为局部可采(兰昌益,1989)。区内主要赋存有 11 个含煤组,煤层 8~36 层,最大可采厚度为 21.0 m,自北而南、由西向东层数增多,厚度增大,煤层最大含气量为 25 m³/t,煤层含气饱和度达 98%~100%(吴建国 等,2005)。大别-苏鲁碰撞造山作用导致多期盆地叠合和盆地复合现象普遍,岩浆活动频繁,断层、褶皱广泛发育,煤层在成煤作用晚期遭受了强烈的改造,煤岩和煤层气的赋存特征较为复杂(武昱东 等,2009;卫明明,2014)。

(1)山西组:该组地层下至太原组第一段灰岩($K_1$)顶界面,与下伏太原组呈整合接触,上到铝质泥岩底部分界砂岩($K_2$)底界面。岩性主要为泥岩、砂岩、粉砂岩、砂泥岩互层等,含 10 煤、11 煤。其中,10 煤发育较好,为淮北煤田主要可采煤层。煤层底板含底栖动物化石,为水平层理和缓波状层理较为发育的砂泥岩互层,是明显的标志层位。

(2)下石盒子组:本组地层与下部山西组地层整合接触的分界线为铝质泥岩底部分界砂岩($K_2$),上部界面为 3 煤下伏 $K_3$ 砂岩底界面。岩性由铝质泥岩、泥岩、砂岩、粉砂岩、砂泥岩互层等组成,自下而上含 9、8、7、6、5、4 六组煤层,其中 7、8、9 煤发育较好,在整个煤田都较为稳定。

(3)上石盒子组:本组地层底界面为 3 煤下伏 $K_3$ 砂岩之底,平均厚度超过 600 m。岩性由砂岩、粉砂岩、泥岩等组成,含煤性自下而上逐渐变差。本组含 1、2、3 三组煤层,在宿北断裂以南为 3 煤主要可采煤层,在宿北断裂以南的临涣矿区部分矿井或其深部 1 煤、2 煤为可采煤层。

2.1.3.2 含煤地层沉积特征

淮北煤田石炭、二叠系含煤地层主要是由一套海陆交互沉积和过渡相组成的沉积岩系(韩树棻 等,1993;程爱国 等,1990;宋立军 等,2004)。太原组地层是海水频繁进退情况下的陆表海和碎屑海岸沉积,这种环境对成煤是不利的(兰昌益,1989)。山西组地层比较稳定,是以滨岸带到以河流作用为主的建设性浅水三角洲沉积体系。下石盒子组是分流河道废弃的下三角洲平原沉积,而上石盒子组则进一步由三角洲平原发育为冲积平原,形成一个完整的聚煤期(韩树棻 等,1993;程煜,2012)。因此,淮北煤田在主要成煤时的环境为滨海三角洲,而太原组和上石盒子组的海洋动力较强,对煤的形成不利。

**2.1.4 水文地质特征**

研究区煤系地层均被古近系、新近系和第四系松散层所覆盖,根据区域地层岩性及含水层赋存空间的分布情况,研究区内含水层(组、段)可分为 3 大类(图 2-1):上部新生界松散层孔隙含水层(组)、中部煤系地层孔/裂隙含水层(段)和下部碳酸盐岩含水层(段)。

| 界 | 系 | 地层 | 岩性 | 厚度/m | 煤层 | 备注 |
|---|---|---|---|---|---|---|
| 新生界 | 第四系 | | 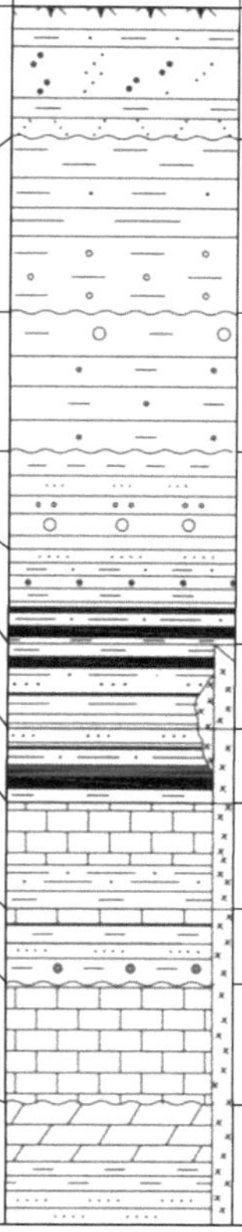 | 126～303 | | 第1～3含水层 |
| | 古近系、新近系 | | | 96～155 | | 第4含水层 |
| 中生界 | 侏罗系 | | | 0～240 | | 后期剥蚀严重,仅局部分布;底部为第5含水层 |
| 上古生界 | 二叠系 | 石千峰组 | | >544 | | 剥蚀严重 |
| | | 上石盒子组 | | | | |
| | | 下石盒子组 | | | 1～3煤层 | 砂岩裂隙水;第6含水层 |
| | | 山西组 | | 256 | 4～9煤层 | 第7含水层位于第7～10煤层中间 |
| | 石炭系 | 太原组 | | 111 | 10～11煤层 | |
| | | 本溪组 | | 150～170 | 薄煤层或煤线 | 不可采煤层或煤线;第8含水层 |
| 下古生界 | 奥陶系 | | | 2～16 | | 古风化壳产物 |
| | | | | | | 海相碳酸盐岩沉积灰岩层;第9含水层 |
| | 寒武系 | | | | | 鲕粒灰岩、白云质灰岩、砂岩和泥岩互层 |

图 2-1　淮北煤田宿州矿区地层和含水层分布情况(桂和荣,2005)

#### 2.1.4.1　新生界松散层孔隙含水层(组)

淮北煤田新生界松散层的沉积受古地形控制,厚度变化大,在 40～500 m,其变化规律是自北向南、自东向西逐渐增厚。含水层(组)主要为第四系、新近系、古近系砂层、砾石层并夹有黏土层,按沉积年代和垂直剖面分布特征自上而下可分为第 1、2、3、4 含水层。位于最上部分的第 1、2 含水层,受大气降水及地表水补给,富水性较强。但是,由于隔水层厚度大,分布稳定,各含水层之间基本无水力联系。侏罗系砾岩中的第 5 含水层,含水性强,但是受古地形控制,只在浅部和矿区边缘发育,向深部逐渐变薄和尖灭。因此,新生界松散层常直接不整合上覆于煤系地层之上。

#### 2.1.4.2 含煤地层裂隙含水层(段)

此类含水层主要由二叠系砂岩及含砂砾岩等组成,一般富水性较弱,且由于处于半封闭的水文地质环境,地下水径流缓慢。依据煤层顶、底板岩性将二叠系地层划分为两个含水层(组):位于3煤和4煤之间的第6含水层,岩性为细-中粒砂岩,平均厚度约为90 m;二叠系下部7、8、10煤层附近的第7含水层,岩性为中-细粒砂岩,平均厚度约为70 m。

#### 2.1.4.3 碳酸盐岩含水层(段)

碳酸盐岩含水层又称灰岩含水层。碳酸盐岩地层在研究区北部出露地表,受大气降水补给,向南部平原地区径流和排泄,一般浅部岩溶裂隙发育,富水性较强。根据碳酸盐岩含量,此类含水层包括两组:太原组第8含水层碳酸盐岩厚度占40%左右,夹杂部分碎屑岩,富水性取决于岩溶裂隙发育程度。该含水层距10煤层较近,是威胁矿井安全生产的主要含水层。第9含水层碳酸盐岩占总厚度的90%以上。该含水层富水性强,但距主采煤层较远,对煤矿无直接充水影响。然而,如果该含水层与断层或导水陷落柱存在水力联系,会给矿井造成极大危害。

## 2.2 盘州煤田区域地质概况

### 2.2.1 区域构造概况

盘州煤田位于扬子准地台-上扬子台褶带-黔西南褶断束的西部,在构造部位上属于六盘水断陷-普安旋扭变形区。该煤田西邻川滇古陆和牛首山古隆起区,东北紧邻垭都-紫云深大断裂,在南部和东南部以开远-平塘隐伏古断裂为界。盘州煤田内主要有北西和北东向两组构造样式,区域发育次一级东西褶皱轴线的背斜、向斜和次一级断裂。

土城向斜位于盘州煤田北部(东经$104°35'38''$~$104°45'5''$,北纬$25°57'45''$~$26°2'30''$),矿区主要有土城和松河两大煤矿。煤层气开发井组主要位于松河区块,占地约为32 km²。构造环境位于土城向斜的东北侧边缘,显示出单线结构,走向约为60°NW,倾角为20°~35°SW。土城向斜的主要特征是含大量的断层,区内共查出断层108条,其中查明断层产状的有50条,以斜向高角度正断层为主,走向以北东-北东东向为主,倾角一般为45°~80°(易同生 等,2016;Tang et al.,2017)。

### 2.2.2 区域地层概况

盘州煤田出露地层由老至新依次有峨眉山玄武岩组($P_3\beta$)、龙潭组($P_3l$)、飞仙关组($T_1f$)、永宁镇组($T_1yn$)、第四系(Q),主要含煤地层为龙潭组(易同生 等,2016)。

　　(1) 峨眉山玄武岩组($P_3\beta$):井田内出露不全,按岩性分为 3 段。第一段($P_3\beta^1$)厚约 630 m,以墨绿色玄武岩为主,顶部及中部夹有紫红色凝灰质泥岩。第二段($P_3\beta^2$)厚 4.5～39.0 m,平均厚 16.6 m,西薄东厚;由深灰色粉砂岩、泥岩、泥质粉砂岩及煤层组成,含植物化石;顶部粉砂岩中常含较多凝灰质组分;底部为一层浅灰色铝土岩;本段含煤 1～7 层,由西向东增多。第三段($P_3\beta^3$)厚 12.0～59.0 m,平均厚 35.4 m,由下至上根据岩性分为 3 大层,即凝灰质粉砂岩层、玄武岩层和凝灰岩层。

　　(2) 龙潭组($P_3l$):该组厚 341.0 m,包括 30～47 个煤层,可采煤层 18 个,可采煤层的厚度和埋藏深度分别为 14.0～32.0 m 和 500.0～960.0 m。在岩性方面,除了薄厚不一的煤层之外,组内还夹杂大量的砂岩、粉砂岩、粉砂质泥岩、泥岩,并在底部发育一层铝土岩(周培明 等,2017)。主要开发对象为厚度较大、煤层结构相对完整的煤层,包括上段的 1+3、4、5、6、9 煤层,中段的 12、13、15、16 煤层,下段的 $27_1$、$27_2$、$29_1$、$29_2$、$29_3$ 煤层(易同生 等,2016)。该煤田龙潭组的煤层在水平方向上分布相对稳定。这些煤层具有较高的煤层气含量(6.46～20.99 $m^3/t$),瓦斯饱和度大于 70%,压力系数为 1.08～1.40,属于异常高压(Tang et al.,2017)。

　　(3) 飞仙关组($T_1f$):与其下伏地层为整合接触。根据岩性分为上、下两段:下段($T_1f^1$)俗称绿色层,为灰绿色粉砂质泥岩和泥质粉砂岩,组内含大量动物化石;上段($T_1f^2$)俗称紫色层,以紫红色粉砂质泥岩为主,夹灰紫色细砂岩薄层。

　　(4) 永宁镇组($T_1yn$):井田内只出露永宁镇组第一段和第二段。第一段($T_1yn^1$)厚约 137.0 m,由深灰色、灰色的薄至中厚层石灰岩和泥灰岩组成;第二段($T_1yn^2$)厚 111.0 m,由土黄色、深红色粉砂质泥岩和泥质粉砂岩组成。

　　(5) 第四系(Q):由于受新构造运动的影响,研究区内第四系地层不甚发育,虽覆盖较广,但厚度不大,以残积、坡积和冲积、洪积的碎石、亚砂土为主,多未胶结,厚度一般在 6.0 m 以内。

### 2.2.3　沉积环境及水文地质概况

　　研究区内龙潭组沉积环境为海陆过渡相,薄煤层群在该组地层形成了不连续沉积,上、中、下 3 段分别沉积在潟湖-潮坪、三角洲和潟湖-潮坪的沉积环境中。区内地表水系比较发育,地下水补给主要依靠大气降水。非可溶岩地层中的沟溪水进入可溶岩地层,多数潜入地下,补给地下水;而在河谷地段或含隔水层接触处,地下水又以泉或暗河出口泄出地表。区内这种地下水与地表水互补关系极为常见。该区内龙潭组含裂隙水,富水性微弱,泉水流量一般小于 0.5 L/s,个别观测点雨季流量较大,接近露头赋存风化带裂隙水。上覆飞仙关组地层的绿色淤泥质泥岩和下伏的峨眉山玄武岩地层都是良好的阻水层，反映了含煤地层与上、下含水层之间的水力接触较差，导致含煤地层处于一个相对封闭的水力系统中（Wu et al.，2018）。

### 2.2.4 煤岩特征

研究区内煤层煤级以焦煤为主，部分为瘦煤与少量肥煤。各煤层的物理性质都比较相似。土城向斜内煤的变质程度从上到下、从西到东逐渐增高。向斜各煤层整体构造变形较弱，以原生结构煤和碎裂煤为主，片状煤、鳞片煤和揉皱煤常呈构造煤分层沿向斜翼部顺层发育。宏观煤岩类型比较相似，均以半暗型为主，部分煤层有半亮型与暗淡型。精煤挥发分有明显的渐变规律：从上到下逐渐减小，变化规律与煤种的渐变规律完全一致（徐宏杰 等，2014）。

# 第 3 章　淮北煤田宿州矿区含煤地层煤和泥岩生烃特征

## 3.1　烃源岩分布特征

　　包括淮北煤田在内的南华北地区石炭二叠系含煤地层在地质历史时期先后经历了多期构造作用,并形成了一套岩性多变的海陆交互相沉积地层,主要表现为碳酸盐岩、泥岩、砂岩与煤层群互层,烃源岩类型主要有煤烃源岩、泥岩型烃源岩和碳酸盐岩型烃源岩。其中,泥岩型烃源岩在本区厚度大(大于 100 m)、分布广,陆表海碳酸盐岩虽然单层厚度薄,但层段多。

　　前期研究认为(解东宁 等,2006;林小云 等,2011),煤系泥岩和碳酸盐岩是较好的烃源岩,煤岩多为非烃源岩。但周丽(2005)认为,我国多数煤层生烃产率虽然达不到 30～50 mg/g,但仍有一定量的油气生成。因此,开展煤和煤系烃源岩的生烃性能研究,对研究区的煤层气和页岩气等的资源前景进行科学评价就显得十分重要。同时,这也有助于深入探讨不同成因类型煤层气的形成机理和成藏过程机制。

## 3.2　煤和泥岩样品采集与实验测试

　　本研究在进行煤层气样品采集的同时,还平行采集了相关煤岩样品 11 块、煤层顶板泥岩样品 6 块,进行生烃性能评价。煤样和煤层顶板泥岩样品采集之后均用密封袋密封,直至在实验室进行分析。所采集样品的埋深范围为 274～722 m。主要进行的测试项目包括有机碳(TOC)含量分析、成熟度($R_o$)分析以及岩石热解实验。

　　煤样和煤系泥岩样品的成熟度($R_o$)分析依据《煤的镜质体反射率显微镜测定方法》(GB/T 6948—2008)进行,岩石热解实验依据《岩石热解分析》(GB/T 18602—2012)进行。所需样品均用研钵研磨至 80 目,并保证各样品之间不能产生交叉污染。样品的分析测试依托中国地质科学院国家地质实验测试中心油气能源地球化学研究室完成。测试结果见表 3-1。

表 3-1 煤样和煤系泥岩岩石热解参数

| 矿区 | 埋深/m | 位置 | 岩性 | TOC/% | $R_o$/% | $S_1$/(mg/g) | $S_2$/(mg/g) | $S_4$/(mg/g) | $T_{max}$/℃ | HI/(mg/g) | HC/(mg/g) | PG/(mg/g) | PI/% | PC/(mg/g) | D/% |
|---|---|---|---|---|---|---|---|---|---|---|---|---|---|---|---|
| 淮萧矿区 | 354 | 3煤顶板 | 泥岩 | 15.0 | 1.2 | 0.3 | 14.7 | 137.9 | 472 | 98 | 2.0 | 15.0 | 2.0 | 1.3 | 8.7 |
| 淮萧矿区 | 422 | 5煤 | 煤 | 88.0 | 1.7 | 0.6 | 69.6 | 822.0 | 489 | 79 | 0.7 | 70.2 | 0.9 | 5.8 | 6.6 |
| 淮萧矿区 | 488 | 3煤 | 煤 | 71.0 | 1.4 | 7.2 | 101.5 | 620.2 | 476 | 143 | 10.1 | 108.7 | 6.6 | 9.0 | 12.7 |
| 淮萧矿区 | 553 | 3煤 | 煤 | 76.1 | 1.5 | 5.9 | 99.8 | 673.0 | 480 | 131 | 7.8 | 105.7 | 5.6 | 8.8 | 11.6 |
| 临涣矿区 | 274 | 7煤顶板 | 碳质泥岩 | 8.0 | 1.0 | 0.3 | 11.8 | 70.4 | 438 | 148 | 3.8 | 12.1 | 2.5 | 1.0 | 12.5 |
| 临涣矿区 | 317 | 10煤顶板 | 泥岩 | 2.2 | 1.0 | 0.1 | 0.6 | 21.3 | 501 | 27 | 4.5 | 0.7 | 14.3 | 0.1 | 4.5 |
| 临涣矿区 | 551 | 10煤顶板 | 泥岩 | 0.5 | 1.4 | 0 | 0.1 | 5.0 | 459 | 20 | 0 | 0.1 | 0 | 0 | 0 |
| 临涣矿区 | 317 | 10煤 | 煤 | 92.1 | 1.0 | 3.0 | 190.4 | 730.5 | 481 | 207 | 3.3 | 193.4 | 1.6 | 16.1 | 17.5 |
| 临涣矿区 | 379 | 5煤 | 煤 | 81.6 | 1.5 | 0.5 | 48.5 | 775.5 | 487 | 59 | 0.6 | 49.0 | 1.0 | 4.1 | 5.0 |
| 临涣矿区 | 554 | 7煤 | 煤 | 87.7 | 1.2 | 3.9 | 162.7 | 713.5 | 449 | 186 | 4.4 | 166.6 | 2.3 | 13.8 | 15.7 |
| 临涣矿区 | 722 | 9煤 | 煤 | 91.4 | 1.8 | 3.5 | 97.0 | 830.6 | 475 | 106 | 3.8 | 100.5 | 3.5 | 8.3 | 9.1 |
| 临涣矿区 | 722 | 9煤 | 煤 | 94.8 | 2.5 | 1.7 | 11.8 | 937.1 | 568 | 12 | 1.8 | 13.5 | 12.6 | 1.1 | 1.2 |
| 宿州矿区 | 599 | 7煤顶板 | 砂质泥岩 | 1.5 | 1.4 | 0 | 0.7 | 14.1 | 452 | 47 | 0 | 0.7 | 0 | 0.1 | 6.7 |
| 宿州矿区 | 601 | 7煤顶板 | 碳质泥岩 | 5.1 | — | 0.3 | 2.9 | 48.2 | 478 | 57 | 5.9 | 3.2 | 9.4 | 0.3 | 5.9 |
| 宿州矿区 | 280 | 8煤 | 煤 | 86.5 | 1.0 | 7.6 | 147.7 | 736.5 | 449 | 171 | 8.7 | 155.2 | 4.9 | 12.9 | 14.9 |
| 宿州矿区 | 404 | 8煤 | 煤 | 99.7 | 1.0 | 8.4 | 184.1 | 837.0 | 451 | 185 | 8.4 | 192.5 | 4.4 | 16.0 | 16.0 |
| 宿州矿区 | 601 | 7煤 | 煤 | 95.8 | 1.0 | 7.2 | 151.6 | 826.3 | 449 | 158 | 7.5 | 158.8 | 4.5 | 13.2 | 13.8 |

注：$HI=(S_2 \times 100)/TOC$；$HC=(S_1 \times 100)/TOC$；$PG=S_1+S_2$；$PI=S_1/(S_1+S_2)$；$PC=(S_1+S_2) \times 0.083$；$D=PC/TOC \times 100$。

## 3.3　煤和泥岩生烃特征

从表 3-1 可以看出,煤样的成熟度($R_o$)变化范围为 $1.0\%\sim1.8\%$,但是有一个煤样的成熟度异常偏高,达到 $2.5\%$,原因是该采样点距离岩浆侵入体较近。煤层顶板泥岩样品的成熟度变化范围较煤样样品小,在 $1.0\%\sim1.4\%$。然而,根据图 3-1 可以看出,煤层顶板泥岩样品的成熟度($R_o$)与其埋深具有一定的相关关系,而煤样样品成熟度($R_o$)与埋深的关系显得非常微弱。

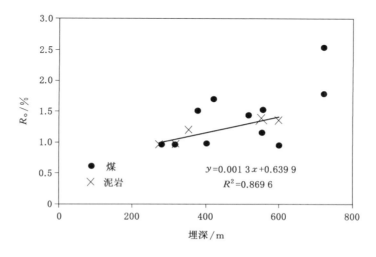

图 3-1　煤和煤系泥岩成熟度($R_o$)与埋深关系图

岩石热解分析的内容主要包括最大热解温度($T_{max}$)、游离烃含量($S_1$)、热解烃含量($S_2$)、残余碳含量($S_4$)、氢指数($HI=S_2\times100/TOC$)、烃指数($HC=S_1\times100/TOC$)、产油潜量($PG=S_1+S_2$)、油产率指数[$PI=S_1/(S_1+S_2)$]、热解有效碳[$PC=(S_1+S_2)\times0.083$]以及降解潜率($D=PC/TOC$)等。根据 Langford 等(1990)的划分依据,淮北煤田煤层顶板泥岩有机质类型均为Ⅲ型,煤样品种仅有一个样品为Ⅱ型有机质,这可能是受到一定海相有机质输入的影响[图 3-2(a)]。

以往淮北煤田煤层气的研究,多关注煤储层本身的含气性等,认为该区具有"南高北低、东高西低、东南部最高"的总体展布格局(屈争辉 等,2008;Jiang et al.,2010)。除煤以外的沉积地层,其含气性和资源前景并没有进行科学的评价。考虑到研究区含煤地层厚度达 1 300 m,在煤层气资源评价和开发过程中,需要综合考虑一整套含煤岩系的含气性及其资源前景。

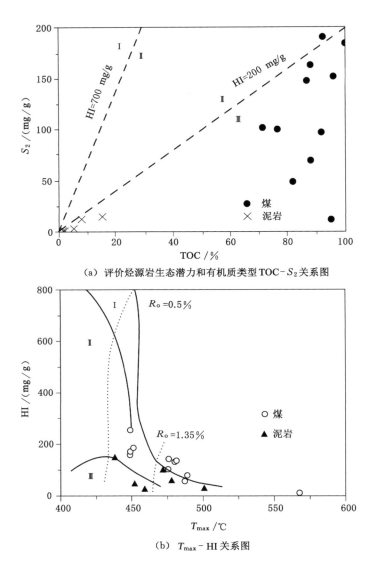

（a）评价烃源岩生态潜力和有机质类型 TOC-$S_2$ 关系图

（b）$T_{max}$-HI 关系图

图 3-2　煤和泥岩生烃特征图

（Langford et al.，1990；Dayal et al.，2014）

　　淮北煤田不仅各主采煤层具有较高的 TOC 含量（71.0%～99.7%），煤系泥岩 TOC 含量也在 0.5% 以上（0.5%～15.0%，平均 5.4%）（表 3-1），说明同样具有良好的生烃潜力。而煤和煤系泥岩烃指数 HC 为 0～10.1 mg/g，多低于 10 mg/g，液态烃转化率低。这表明研究区赋存的应该是一套以产气为主的沉积岩系。此外，根据 $S_2$ 与 TOC 含量的关系，氢指数（HI）大部分都低于 200 mg/g，有机质的类型主要以Ⅲ型干酪根为主[图 3-2（b）]。这同样也说明研究区赋存的是一套以生气为主的烃源岩（韩树棻 等，1993）。

$R_o$ 值在达到 0.6％以前，在适宜的生气母质类型、较低的温度、强还原性环境、pH 值为中性的水体以及有机质较快的沉积速率等条件下，原生生物气会首先生成（Rice et al.，1981；Moore，2012）。随着成熟度逐渐增加，热成因煤层气在热演化过程中开始有规律地生成。尽管煤层气的生成可以贯穿整个煤化作用全过程，其主要生气阶段的 $R_o$ 值分布在 0.6％～3.0％（Scott et al.，1994）。热演化初期成熟度较低、$R_o$ 值在达到 0.7％以前，产气量仅占热成因气总量的 10％，而当 $R_o$ 达到 1.6％时，产气量可达 80％。因此，热解气主要生成阶段在 $R_o$ 位于0.7％～1.6％时（Waples et al.，1998；Strapoć et al.，2011）。其中，热降解湿气产生在中低煤级长焰煤到瘦煤阶段，$R_o$ 值范围为 0.6％～1.8％；$R_o$ 值在 2.0％以上的高煤级主要产生热裂解干气（Clayton，1998）。淮北煤田煤岩 $R_o$ 值范围为 1.0％～2.5％，煤系泥岩 $R_o$ 值范围为 1.0％～1.4％，均处于产气高峰期，在地质历史时期必然产生大量的煤层气。因此，在对整个煤田煤层气资源量评价和开发利用过程中，需要充分考虑相关沉积岩所含的甲烷资源量。

## 3.4　本章小结

淮北煤田煤岩和煤系泥岩的有机质含量都比较高，有机质类型以Ⅲ型干酪根为主，液态烃转化率非常低（HC＜10 mg/g）。两类岩性都是以产气为主的良好烃源岩。考虑到含煤地层总厚度达 1 300 m，并且有机质成熟度已达到成熟、过成熟阶段，处于产气高峰，因此，需要对煤系泥岩等沉积岩层生成和保存的甲烷资源量进行科学评价。

# 第4章　煤层气成因及其地球化学特征

　　煤层气是一种清洁的非常规能源,其开发利用具有矿井安全生产、资源回收利用和温室气体减排等多方面的综合效益(Rightmire,1984;Flores,1998;Clayton,1998;Kotarba et al.,2001)。淮北煤田 2 000 m 以浅煤炭资源量约为376 亿 t,其蕴含的煤层气资源总量达到 3 159 亿 $m^3$(黄文辉,1999;吴建国 等,2005;屈争辉 等,2008;Jiang et al.,2010),而盘州煤田煤层气资源量更是高达1.4 万亿 $m^3$,均具有广阔的勘探开发前景。

　　成分以甲烷为主的煤层气的成因机理问题的探讨,不仅是煤层气地球化学研究的重要科学问题(Rightmire,1984;Rice,1993;Scott et al.,1994;Smith et al.,1996;Ahmed et al.,1999;Kotarba et al.,2001;Tao et al.,2005;Hilton et al.,2013),能够为煤层气资源评价和勘探开发选区提供重要依据,也是现代煤化工、煤制气领域的研究热点,可以达到提高煤炭利用率和延伸煤化工产业链的目的。

　　以往对煤层气的研究,多从构造-热演化过程和煤储层物性特征方面对其形成和赋存条件进行探讨(Jiang et al.,2010;Wu et al.,2011),包括煤层气气体组分和同位素特征在内的煤层气地球化学研究比较浅显(Dai et al.,1987;佟莉等,2013),煤有机质生烃潜力探讨不够深入。本书的研究目的有:① 厘清淮北煤田宿东向斜、宿南向斜和盘州煤田土城向斜煤层气气体组成和同位素等地球化学特征,查明其成因类型;② 分析不同成因类型煤层气分布规律,进而探讨淮北煤田和盘州煤田构造演化过程中,煤层气形成、运移和富集等特征。

## 4.1　煤层气样品采集和实验测试

　　为了全面分析煤田煤层气地球化学特征与成因,本研究采集了淮北煤田6 个矿井(濉萧矿区:杨庄矿、石台矿;临涣矿区:临涣矿、海孜矿;宿州矿区:芦岭矿、祁南矿)的瓦斯煤样和土城向斜松河区块 9 口煤层气井的煤层气样品。所有瓦斯煤样取样点均位于新鲜工作面,钻取 10 m 以深的煤芯,煤芯样品取出之后迅速装入钢罐密封。前人研究成果表明,煤层气解吸过程中 $\delta^{13}C\text{-}CH_4$ 分馏较小(Smith et al.,1996；Tao et al.,2012)。Strapoć 等(2006)认为当煤层气解吸量达到总解吸量一半的时候,所采集的气体样品同位素组成具有代表性。段利江等(2007)认为在解吸一天之后大部分煤样中煤层气都能够达到 50% 的解吸量。因此,本研究所采集的煤芯样品在气体解吸一天之后进行煤层气收集。

煤层气样品的收集采用排水法(图 4-1)。在采样之前,事先配制好饱和NaCl 溶液,并用 6 mol/L 的盐酸溶液调节其 pH 值至小于 3,以驱除水体中的$CO_3^{2-}$、$HCO_3^-$ 和溶解的 $CO_2$,确保煤层气中 $CO_2$ 组分浓度和同位素特征不受影响。为了达到气体样品长期保存的目的,饱和 NaCl 溶液中还加入了饱和$HgCl_2$ 溶液杀菌(1：50),确保煤层气气体组分不因微生物降解发生变化。收集气体样品的玻璃瓶事先装满配制好的饱和溶液,并用橡胶塞密封,密封过程中确保不留气泡。气体样品注入的同时,排出等体积的溶液。每个玻璃瓶内至少留有三分之一的饱和溶液,以隔绝气体样品与空气的接触。气体收集完毕之后,玻璃瓶倒置,带回实验室室温保存,直至进行实验测试分析。分析测试项目包括气体组分特征和相关同位素组成特征($\delta^{13}$C-$CH_4$、$\delta$D-$CH_4$ 和 $\delta^{13}$C-$CO_2$)。

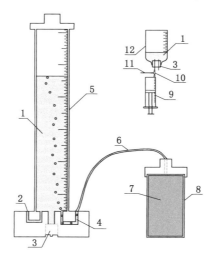

1—饱和 NaCl 溶液(pH<3);2—排水口;3—橡胶塞;4—进气口;5—瓦斯解吸仪;6—橡胶管;
7—煤样;8—瓦斯罐;9—注射器;10—三通;11—针头;12—血清瓶。

图 4-1　煤层气样品收集装置示意图

气体组分测试采用安捷伦 7890A 系列气相色谱仪,该仪器配有氢火焰离子化检测器(FID)和热导检测器(TCD),从而确保能够分析 $CO_2$、CO、$O_2$、$N_2$、$CH_4$、He、$H_2$、$C_2H_6$、$C_3H_8$、$i$-$C_4H_{10}$、$n$-$C_4H_{10}$、$i$-$C_5H_{12}$、$n$-$C_5H_{12}$、反-2-$C_4H_8$、顺-2-$C_4H_8$ 等浓度不同的气体组分。样品测试前,预先对 4 种组分已知的标气

进行测试,并进行误差校正。

$\delta^{13}C$-$CO_2$、$\delta^{13}C$-$CH_4$ 和 $\delta D$-$CH_4$ 等气体同位素测试通过与气相色谱仪连接的 MAT 253 气体同位素质谱仪进行。在流速为 1.0 mL/s 的载气(He)气流带动下,进入温度为 50 ℃ 的 Poraplot Q 色谱分离柱(25 m×0.32 mm×10 $\mu m$)分离,之后进入 940 ℃ 氧化炉中反应(碳同位素测试)或者 1 420 ℃ 燃烧管内反应(氢同位素测试),最后进入 MAT 253 气体同位素质谱仪测试。其中,$\delta^{13}C$ 测试精度为 ±0.2‰,$\delta D$ 测试精度为 ±1.0‰。

# 4.2  煤层气样品测试结果

## 4.2.1  淮北煤田煤层气样品

### 4.2.1.1  气体组分结果

本研究过程中样品气体组分测试的项目主要包括 $CH_4$、$CO_2$ 和 $N_2$ 等主要成分以及微量的重烃组分($C_{2+}$),测试结果见表 4-1。在所有的气体样品中,$CH_4$ 的含量最高,平均为 80.1%,其次为 $N_2$,平均为 13.3%,并且 $CH_4$ 与 $N_2$ 的含量呈明显的负相关关系(图 4-2),说明研究区煤层气在浅部受到大气的影响。虽然本研究所采集的气体样品都为干气,干燥指数大于 95%,3 个矿区的气体组成还是存在明显的不同。整个煤田中 $CO_2$ 的含量具有大的变化范围(0.3%～29.8%,平均 7.3%),即使在同一个矿区,其含量也变化较大。除一个样品异常外(3.449%),其余样品的乙烷组分含量都低于 1.000%,丙烷以上的重烃组分均为痕量气体。

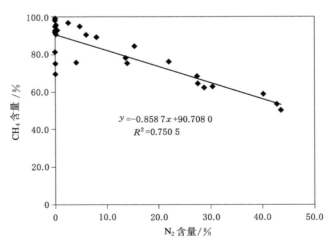

图 4-2  淮北煤田煤层气 $N_2$-$CH_4$ 含量关系图

表 4-1  淮北煤田煤层气气体组成特征表

| 矿区 | 样品编号 | 气体组成/% | | | | | | | $C_1/\sum C_{1\sim5}$ /% | CDMI /% | $C_{HC}$ |
|---|---|---|---|---|---|---|---|---|---|---|---|
| | | $N_2$ | $CO_2$ | $CH_4$ | $C_2H_6$ | $C_3H_8$ | $C_4H_{10}$ | $C_5H_{12}$ | | | |
| 淮萧矿区 | 1 | 13.8 | 9.5 | 75.4 | 0.997 | 0.064 | 0.005 | 0.003 | 98.602 | 11.2 | 71.1 |
| | 2 | 4.1 | 16.8 | 75.5 | 3.449 | 0.101 | 0.006 | 0.004 | 95.497 | 18.2 | 21.3 |
| | 3 | 42.8 | 3.6 | 53.6 | 0.066 | 0 | 0 | 0 | 99.877 | 6.3 | 812.1 |
| | 4 | 27.6 | 7.8 | 64.5 | 0.016 | 0.003 | 0 | 0.002 | 99.967 | 10.8 | 3 394.7 |
| | 5 | / | 24.7 | 75.1 | 0.222 | 0 | 0 | 0 | 99.705 | 24.7 | 338.3 |
| | 6 | / | 29.8 | 69.4 | 0.777 | 0 | 0 | 0 | 98.893 | 30.0 | 89.3 |
| 临涣矿区 | 7 | 40.2 | 0.5 | 58.9 | 0.004 | 0 | 0.004 | 0 | 99.986 | 0.8 | 14 725.0 |
| | 8 | 28.8 | 8.7 | 62.4 | 0.079 | 0 | 0.004 | 0.003 | 99.862 | 12.2 | 789.8 |
| | 9 | 27.4 | 4.3 | 68.3 | 0.016 | 0.001 | 0 | 0 | 99.975 | 5.9 | 4 017.6 |
| | 10 | 15.3 | 0.3 | 84.4 | 0.028 | 0 | 0 | 0.001 | 99.966 | 0.4 | 3 014.3 |
| | 11 | 43.5 | 6.1 | 50.4 | 0.015 | 0 | 0 | 0 | 99.970 | 10.8 | 3 360.0 |
| | 12 | 4.8 | 0.3 | 94.9 | 0.010 | 0 | 0 | 0.001 | 99.988 | 0.3 | 9 490.0 |
| | 13 | 2.5 | 0.4 | 97.0 | 0.034 | 0.003 | 0 | 0 | 99.962 | 0.4 | 2 621.6 |

表 4-1(续)

| 矿区 | 样品编号 | 气体组成/% | | | | | | | | $C_1/\sum C_{1\sim5}$ | CDMI/% | $C_{HC}$ |
| | | $N_2$ | $CO_2$ | $CH_4$ | $C_2H_6$ | $C_3H_8$ | $C_4H_{10}$ | $C_5H_{12}$ | | | |
|---|---|---|---|---|---|---|---|---|---|---|---|
| | 14 | 13.6 | 8.0 | 78.2 | 0.017 | 0 | 0 | 0 | 99.978 | 9.3 | 4 600.0 |
| | 15 | 30.4 | 6.6 | 63.0 | 0.014 | 0 | 0 | 0 | 99.978 | 9.5 | 4 500.0 |
| | 16 | 0 | 7.2 | 92.7 | 0.089 | 0.013 | 0.001 | 0.002 | 99.887 | 7.2 | 908.8 |
| | 17 | 0 | 1.8 | 98.2 | 0.014 | 0 | 0 | 0 | 99.986 | 1.8 | 7 014.3 |
| | 18 | 22.2 | 1.8 | 75.9 | 0.013 | 0 | 0 | 0 | 99.983 | 2.3 | 5 838.5 |
| 宿州矿区 | 19 | 0 | 18.7 | 81.3 | 0 | 0 | 0 | 0 | 100.000 | 18.7 | / |
| | 20 | 8.0 | 2.8 | 89.2 | 0.010 | 0 | 0 | 0 | 99.989 | 3.0 | 8 920.0 |
| | 21 | 6.0 | 3.7 | 90.3 | 0.008 | 0 | 0 | 0 | 99.991 | 3.9 | 11 287.5 |
| | 22 | 0 | 0.7 | 99.3 | 0.019 | 0 | 0 | 0 | 99.981 | 0.7 | 5 226.3 |
| | 23 | 0.4 | 6.6 | 92.9 | 0.024 | 0.004 | 0.001 | 0.002 | 99.967 | 6.6 | 3 317.9 |
| | 24 | 0.2 | 9.2 | 90.6 | 0.016 | 0 | 0 | 0 | 99.982 | 9.2 | 5 662.5 |
| | 25 | 0.2 | 4.1 | 95.7 | 0.020 | 0 | 0 | 0 | 99.979 | 4.1 | 4 785.0 |
| | 26 | 0 | 8.2 | 91.8 | 0.022 | 0.001 | 0 | 0 | 99.975 | 8.2 | 3 991.3 |
| | 27 | 0 | 4.9 | 95.1 | 0.017 | 0.001 | 0 | 0 | 99.981 | 4.9 | 5 283.3 |

注：$C_{HC}=C_1/(C_2+C_3)$；$CDMI=[CO_2]/[CO_2+CH_4]\times100\%$。

### 4.2.1.2　同位素组成测试结果

总体上看(表4-2),$\delta^{13}$C-CH$_4$和$\delta$D-CH$_4$的组成均具有较大的变化范围,

**表 4-2　淮北煤田煤层气同位素组成**

| 矿区 | 样品编号 | 同位素组成/‰ | | | 热成因气比例/% | 生物成因气比例/% |
| --- | --- | --- | --- | --- | --- | --- |
| | | $\delta^{13}$C-CH$_4$ | $\delta$D-CH$_4$ | $\delta^{13}$C-CO$_2$ | | |
| 濉萧矿区 | 1 | −68.1 | −216.1 | −7.3 | 20.0 | 80.0 |
| | 2 | −46.5 | −189.8 | −9.4 | 78.4 | 21.6 |
| | 3 | −67.2 | −158.9 | −22.2 | 22.4 | 77.6 |
| | 4 | −75.5 | −225.0 | −9.6 | 0 | 100.0 |
| | 5 | −45.6 | −168.5 | −23.0 | 80.8 | 19.2 |
| | 6 | −46.0 | −173.8 | / | 79.7 | 20.3 |
| 临涣矿区 | 7 | −59.5 | −220.4 | −10.2 | 39.9 | 60.1 |
| | 8 | −50.0 | −227.6 | −9.3 | 61.6 | 38.4 |
| | 9 | −60.0 | −212.3 | −9.9 | 38.7 | 61.3 |
| | 10 | −54.4 | −210.4 | −8.2 | 52.6 | 47.4 |
| | 11 | −46.3 | −188.2 | −24.3 | 72.8 | 27.2 |
| | 12 | −54.0 | −211.8 | −4.5 | 53.6 | 46.4 |
| | 13 | −47.8 | −220.8 | / | 69.1 | 30.9 |
| 宿州矿区 | 14 | −52.2 | −227.4 | −8.7 | 55.7 | 44.3 |
| | 15 | −51.3 | −228.1 | −8.7 | 57.9 | 42.1 |
| | 16 | −58.9 | −226.5 | −9.4 | 39.7 | 60.3 |
| | 17 | −53.3 | −176.4 | / | 53.1 | 46.9 |
| | 18 | −58.8 | −178.5 | −18.2 | 40.0 | 60.0 |
| | 19 | −42.8 | −153.2 | / | 78.2 | 21.8 |
| | 20 | −64.1 | −176.5 | −14.3 | 27.3 | 72.7 |
| | 21 | −67.6 | −165.0 | −18.3 | 18.9 | 81.1 |
| | 22 | −53.6 | −193.0 | / | 52.4 | 47.6 |
| | 23 | −48.2 | −211.2 | −6.7 | 65.3 | 34.7 |
| | 24 | −47.7 | −212.8 | −7.3 | 66.5 | 33.5 |
| | 25 | −46.3 | −212.1 | −10.1 | 69.9 | 30.1 |
| | 26 | −55.5 | −198.5 | −9.8 | 47.8 | 52.2 |
| | 27 | −48.3 | −207.8 | −8.3 | 65.1 | 34.9 |

$\delta^{13}$C-CH$_4$：$-75.5‰\sim-42.8‰$；$\delta$D-CH$_4$：$-228.1‰\sim-153.2‰$。并且，$\delta^{13}$C-CO$_2$ 也具有较大的变化范围：$-24.3‰\sim-4.5‰$。与世界上其他重要的含煤盆地中煤层气甲烷同位素组成相比，淮北煤田甲烷 $\delta^{13}$C-CH$_4$ 的组成还普遍偏轻。濉萧矿区 CH$_4$ 的碳同位素分馏变化范围为 $-45.6‰\sim-75.5‰$，临涣矿区为 $-46.3‰\sim-60.0‰$，宿州矿区为 $-42.8‰\sim-67.6‰$。由此可以看出，淮北煤田煤层气的成因机理和演化过程十分复杂。

### 4.2.2 土城向斜煤层气样品

#### 4.2.2.1 气体组分结果

由表 4-3 可以看出，土城向斜煤层气气体主要成分为 CH$_4$、N$_2$、CO$_2$、C$_2$H$_6$。CH$_4$ 含量分布范围为 $79.6\%\sim86.7\%$，平均含量为 $83.6\%$。重烃的含量很低，C$_2$H$_6$ 含量分布范围为 $1.1\%\sim2.0\%$，平均含量为 $1.5\%$。$\sum$C$_{2\sim n}$ 含量低于 $2.3\%$。CO$_2$ 含量分布范围为 $4.6\%\sim9.8\%$，平均含量为 $6.9\%$。N$_2$ 含量分布范围为 $3.0\%\sim12.8\%$，平均含量为 $8.3\%$。CDMI 值分布范围为 $5.1\%\sim10.5\%$，平均值为 $7.7\%$。烃指数 $C_{HC}$ 的分布范围为 $38.3\sim72.6$，平均值为 $51.8$。干湿度指数 $C_1/\sum C_{1\sim5}$ 分布范围为 $97.4\%\sim98.6\%$，平均值为 $98.0\%$。

表 4-3    土城向斜煤层气气体组成特征表

| 样品编号 | 气体组成/% | | | | | | | | $C_1/\sum C_{1\sim5}$ /% | $C_{HC}$ | CDMI /% |
| --- | --- | --- | --- | --- | --- | --- | --- | --- | --- | --- | --- |
| | H$_2$ | N$_2$ | CO$_2$ | CH$_4$ | C$_2$H$_6$ | C$_3$H$_8$ | $i$-C$_4$H$_{10}$ | $n$-C$_4$H$_{10}$ | | | |
| SH1 | 0.07 | 6.8 | 7.1 | 85.3 | 2.0 | 0.23 | 0.017 | 0.021 | 97.4 | 38.3 | 7.7 |
| SH2 | 0 | 9.2 | 8.6 | 81.3 | 1.4 | 0.14 | 0.011 | 0.011 | 98.1 | 52.8 | 9.6 |
| SH3 | 0 | 10.9 | 6.5 | 81.0 | 1.3 | 0.09 | 0.007 | 0.006 | 98.3 | 58.3 | 7.4 |
| SH4 | 0 | 9.0 | 9.3 | 79.6 | 1.3 | 0.09 | 0.006 | 0.005 | 98.3 | 57.3 | 10.5 |
| SH5 | 0 | 12.8 | 5.2 | 81.0 | 1.3 | 0.12 | 0.010 | 0.010 | 98.3 | 57.0 | 6.0 |
| SH6 | 0 | 3.0 | 9.8 | 86.0 | 1.9 | 0.20 | 0.016 | 0.018 | 97.6 | 41.1 | 10.2 |
| SH7 | 0 | 7.9 | 5.5 | 85.7 | 1.1 | 0.08 | 0.006 | 0.006 | 98.6 | 72.6 | 6.0 |
| SH8 | 0 | 6.7 | 5.9 | 86.7 | 1.8 | 0.17 | 0.013 | 0.014 | 97.7 | 44.0 | 6.4 |
| SH9 | 0 | 8.8 | 4.6 | 85.0 | 1.7 | 0.19 | 0.016 | 0.019 | 97.8 | 45.0 | 5.1 |
| 平均值 | / | 8.3 | 6.9 | 83.6 | 1.5 | / | / | / | 98.0 | 51.8 | 7.7 |

#### 4.2.2.2 同位素组成测试结果

由表 4-4 可以看出，$\delta^{13}$C-CH$_4$ 的分布范围为 $-43.2‰\sim-40.7‰$，平均值为

$-41.4‰$。$\delta D\text{-}CH_4$ 分布范围为 $-185.8‰ \sim -169.2‰$，平均值为 $-177.7‰$。$\delta^{13}C\text{-}CO_2$ 分布范围为 $-13.4‰ \sim -9.3‰$，平均值为 $-11.7‰$。$\delta^{13}C\text{-}C_2H_6$ 分布范围为 $-27.5‰ \sim -25.1‰$，平均值为 $-26.1‰$。$\delta D\text{-}C_2H_6$ 分布范围为 $-102.8‰ \sim -90.6‰$，平均值为 $-96.2‰$。

表 4-4　土城向斜煤层气同位素组成

| 样品编号 | $\delta^{13}C\text{-}CH_4$（VPDB）/‰ | $\delta^{13}C\text{-}CO_2$（VPDB）/‰ | $\delta^{13}C\text{-}C_2H_6$（VPDB）/‰ | $\delta D\text{-}CH_4$（VSMOW）/‰ | $\delta D\text{-}C_2H_6$（VSMOW）/‰ |
|---|---|---|---|---|---|
| SH1 | $-41.1$ | $-11.7$ | $-27.0$ | $-175.9$ | $-102.8$ |
| SH2 | $-41.3$ | $-12.0$ | $-26.1$ | $-176.9$ | $-102.5$ |
| SH3 | $-41.7$ | $-12.0$ | $-25.8$ | $-185.1$ | $-100.1$ |
| SH4 | $-41.4$ | $-9.3$ | $-25.7$ | $-183.6$ | $-90.7$ |
| SH5 | $-43.2$ | $-10.3$ | $-27.5$ | $-185.8$ | $-90.8$ |
| SH6 | $-41.3$ | $-12.2$ | $-26.0$ | $-174.1$ | $-97.9$ |
| SH7 | $-40.7$ | $-13.3$ | $-25.1$ | $-175.2$ | $-90.6$ |
| SH8 | $-41.0$ | $-10.9$ | $-25.5$ | $-169.2$ | $-97.9$ |
| SH9 | $-40.8$ | $-13.4$ | $-26.4$ | $-173.8$ | $-92.5$ |
| 平均值 | $-41.4$ | $-11.7$ | $-26.1$ | $-177.7$ | $-96.2$ |

## 4.3　淮北煤田煤层气地球化学特征

煤层气中 $CO_2$ 含量变化很大，在特定条件下最高可达 $99\%$，但是，其化学性质活泼、易溶于水（Rice，1993）。Clayton（1998）指出，煤层气中 $CO_2$ 有多种来源，包括干酪根脱羧基反应、碳酸盐矿物热解反应、细菌分解有机质及地幔来源。常用 CDMI 指数与 $\delta^{13}C\text{-}CO_2$ 相结合来判别煤层气中 $CO_2$ 的来源（图 4-3；Clayton，1998；Kotarba et al.，2001；Song et al.，2012）。$CH_4$ 与 $N_2$ 含量显著的负相关关系可能与后期大气改造作用有关（图 4-2；Tao et al.，2005，2012）。从淮北煤田烃类气体的组成来看，3 个矿区都属干气，$C_1/(C_1+C_{2+})$ 均大于 $95\%$，但仍有明显区别。此外，在淮北煤田 $CO_2$ 含量变化很大，即使在同一矿区，也表现出明显的非均质性。

淮北煤田 3 个矿区煤层 $CH_4$ 的 $\delta D$ 虽然具有较大的变化范围，但最低也只有 $-228.1‰$，高于醋酸发酵成因煤层气 $\delta D$ 的上限 $-250‰$。因此，可以排除醋酸发酵成因。由于热成因气和 $CO_2$ 还原气的 $\delta D$ 特征区间存在重叠，需要进一

步结合 $CH_4$ 碳同位素和 $CO_2$ 碳同位素进行区分（Ahmed et al.，2001；Warwick et al.，2008）。与沁水盆地南部典型热成因煤层气 $\delta^{13}C\text{-}CH_4$（表 4-5）相比，淮北煤田 $\delta^{13}C\text{-}CH_4$ 普遍偏轻。将 $\delta^{13}C\text{-}CH_4$ 值为 $-60‰\sim-55‰$ 作为热成因气和生物成因气的界限（混合成因煤层气），则 3 种成因类型的煤层气在淮北煤田 3 个矿区都有赋存，但又各具特点（图 4-4）。

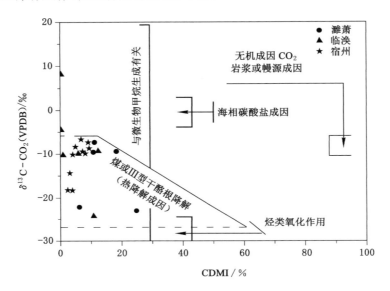

图 4-3　淮北煤田煤层气 CDMI-$\delta^{13}C\text{-}CO_2$ 图

（Jenden et al.，1993；Kotarba et al.，2001）

表 4-5　沁水盆地南部煤层气 $\delta^{13}C\text{-}CH_4$ 组成特征

| 编号 | 埋深/m | 位置 | $\delta^{13}C\text{-}CH_4/‰$ | 参考文献 |
|---|---|---|---|---|
| 1 | 521.0～527.4 | 3 煤层 | $-31.2$ | |
| 2 | 517.5～518.5 | 3 煤层 | $-31.8$ | |
| 3 | 610.0～611.2 | 15 煤层 | $-32.1$ | |
| 4 | 513.5～515.5 | 3 煤层 | $-33.6$ | |
| 5 | 557.0～557.9 | 10 煤层 | $-33.3$ | 胡国艺等，2001 |
| 6 | 603.4～604.0 | 15 煤层 | $-35.4$ | |
| 7 | 841.9～844.4 | 3 煤层 | $-30.1$ | |
| 8 | 942.6～945.2 | 15 煤层 | $-29.6$ | |
| 9 | 1 024.6～1 025.7 | 3 煤层 | $-30.5$ | |

表 4-5（续）

| 编号 | 埋深/m | 位置 | $\delta^{13}C\text{-}CH_4$/‰ | 参考文献 |
|---|---|---|---|---|
| 1 | 829.9～830.2 | 3 煤层 | −33.0 | 段利江等，2007 |
| 2 | 925.0～925.3 | 15 煤层 | −32.1 | |
| 3 | 601.7～602.0 | 3 煤层 | −34.2 | |
| 4 | 703.4～703.7 | 15 煤层 | −34.4 | |
| 1 | 518.0 | 3 煤层 | −33.1 | 张建博等，2000 |
| 2 | 610.6 | 15 煤层 | −37.8 | |
| 3 | 514.5 | 3 煤层 | −34.9 | |
| 4 | 557.5 | 10 煤层 | −35.8 | |
| 5 | 604.1 | 15 煤层 | −39.4 | |

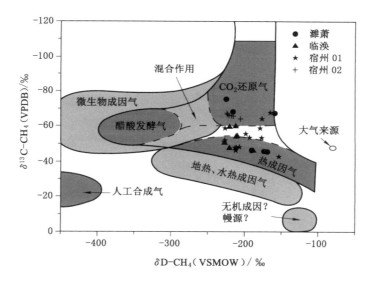

图 4-4　热成因和生物成因煤层气鉴别图版

（Whiticar et al.，1986，1999；Rice，1993）

### 4.3.1　濉萧矿区煤层气地球化学特征与成因

濉萧矿区 $CO_2$ 含量在 3 个矿区中最高。其中，有 3 个样品 $CO_2$ 含量为 3.6%～9.5%，其余 3 个样品 $CO_2$ 含量大于 15%，但远低于 60%。这可能与有机质氧化或有机质热降解有关，而非来源于无机成因。所有样品 CDMI 指数均大于 5%，微生物活动的信息反映不明显。

濉萧矿区 $CH_4$ 平均含量在 3 个矿区中最低,$C_2H_6$ 等重烃组分的含量相对偏高。除 1 个样品 HC 大于 1 000 外,其余样品 HC 均小于 1 000(包括 3 个 HC 小于 100 的样品),显示出热成因气为主导,局部区域存在生物成因气。

该矿区 $\delta^{13}C\text{-}CH_4$ 数据在煤层气成因类型边界两边各占一半,显示出热成因气和生物成因气都有赋存。整个煤田最轻的碳同位素数据(-75.5‰)出现在该矿区,说明局部地区(浅部)的微生物活动较强烈。并且,落在热成因区间的数据均低于 -45‰,这也说明整个矿区煤层气可能遭受了微生物的次生改造。低于 -20‰ 的数据与煤干酪根的碳同位素组成接近,可能是热演化作用的结果。

虽然该矿区具有一定的微生物活动的信号显示,但是 HC 大都远远小于 1 000,说明热成因气所占比例更大。而且从图 4-5 上可以看出,热成因煤层气除了与 $CO_2$ 还原气存在混合之外,还存在明显的运移(Bernard et al.,1976)。由于 $CH_4$ 比 $C_2H_6$、$C_3H_8$ 分子量小,更加易于运移,这可能也是造成煤层气变干的另一主要原因(Whiticar,1990)。由于煤层气的逸散特征十分明显,该矿区浅部煤层中形成的次生生物成因气在生成以后可能会逃逸,而无法形成生物成因煤层气的富集区。

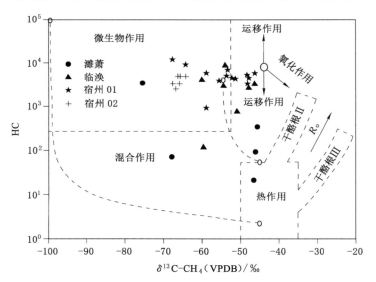

图 4-5 淮北煤田煤层气 $\delta^{13}C\text{-}CH_4\text{-}HC$ 特征图

(Bernard et al.,1976;Whiticar,1990)

综合气体组分和同位素组成的特征,濉萧矿区煤层气主要以热成因为主,部分地区的热成因气受到了一定程度的微生物改造。强烈的微生物活动只在局部地区(浅部)出现。煤层气明显的逸散现象是该矿区的另一大特点。

### 4.3.2　临涣矿区煤层气地球化学特征与成因

临涣矿区 $CH_4$ 相对含量为中等水平，平均为 73.8%；$C_2H_6$ 浓度相对较低，平均仅为 0.03%。$CO_2$ 浓度明显落在两个区间，4.3%～8.7% 和 0.3%～0.5%。CDMI 与 $CO_2$ 浓度数据规律极为相似。虽然 CDMI＞5% 反映出该矿区热成因气的信号仍然十分强烈，但是微生物活动的信号（CDMI＜5%）要比濉萧矿区更为明显。而且，有 6 个样品 HC 都大于 1 000，同样说明生物成因气要占优势。因此，该矿区也应该存在不同成因类型煤层气的混合。

由图 4-6 可以看出，临涣矿区煤层气 $\delta^{13}C$-$CH_4$ 数据普遍偏轻，但是却没有数据超过 $-55‰$～$-60‰$ 这一成因类型边界，仅有 2 个数据恰好落在该混合成因区域内。这反映出煤层气成因类型以热成因为主。$\delta^{13}C$-$CO_2$ 变化范围在 3 个矿区中最大（$-24.3‰$～$+8.2‰$）。其中，与煤干酪根碳同位素值相近的数据（$-24.3‰$）反映的是较高程度热降解作用的结果，而偏重的 $CO_2$ 碳同位素数据（$+8.2‰$）是强烈微生物活动的体现。该矿区 $CO_2$ 和 $CH_4$ 之间的碳同位素分馏程度变化范围很大，为 $-22.0‰$～$-62.6‰$。这也反映出煤层气的生成机理和途径较为复杂。微生物活动和热演化等地质构造因素都可能对煤层气的生成和赋存产生重要影响。

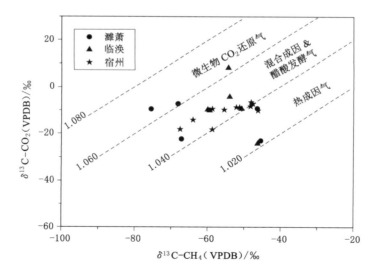

图 4-6　淮北煤田 $CO_2$ 和 $CH_4$ 碳同位素分馏特征图

(Jenden et al.,1986;Smith et al.,1996;Whiticar,1999)

虽然临涣矿区多数样品碳同位素数据落在热成因区间，但是 HC 基本上都大于 100，甚至大部分都超过 1 000。与濉萧矿区相比，该矿区具有更强的微生物活动强度。HC 和同位素数据表现出明显差异的合理解释,可能是该矿区煤层气以热成因为主,但是重烃组分在后期受到了较强的生物降解作用,煤层气运移和逸散程度要弱于濉萧矿区(图 4-5),热成因气的赋存条件要好于濉萧矿区。因此,临涣矿区煤层气赋存仍是以热成因气为主,但受到微生物改造后局部地区形成了混合成因气,浅部可能赋存有生物成因气。较濉萧矿区,该矿区微生物活动强度较强,煤层气的保存条件更好,煤层气的逸散程度偏弱。

### 4.3.3 宿州矿区煤层气地球化学特征与成因

在 3 个矿区中,宿州矿区的 $CH_4$ 平均含量最高,$N_2$ 含量最低,这说明其受到的大气影响最小。$CO_2$ 含量除个别样品偏高外(18.7%),大部分样品均低于 10%。此外,超过一半的样品 CDMI 指数低于 5%,微生物活动的信号比较明显。与 $CH_4$ 平均含量在 3 个矿区中最高不同,$C_2H_6$ 含量极低(平均为 0.02%)。由于该矿区煤岩煤化程度不高,造成这一现象的原因应该是微生物的降解作用。多数样品 HC 均大于 1 000,可能说明该矿区煤层气成因类型以生物成因为主,热成因气信号并不强烈。

与濉萧矿区和临涣矿区相似,宿州矿区 $\delta^{13}$C-$CH_4$ 同样偏轻。并且,热成因气和次生生物成因气均有赋存,但以混合成因煤层气为主(图 4-4)。$\delta^{13}$C-$CO_2$ 变化范围为 $-18.3‰ \sim -6.7‰$,从 $CO_2$ 和 $CH_4$ 的碳同位素分馏程度看,该矿区煤层气也多集中在混合成因区间(图 4-6)。HC 普遍大于 1 000,并且该指数越大的样品具有越轻的 $\delta^{13}$C 同位素组成。因此,从 3 个矿区的情况来看,该矿区微生物活动是最强的。此外,从图 4-5 上没有发现煤层气明显运移和逸散的信号,说明其赋存条件较好。因此,强烈微生物活动形成的大量次生生物气必然会与热成因气产生混合,而同位素数据多落在混合成因区间说明热成因气和次生生物成因气比例可能十分接近。

结合煤层气气体组分和同位素数据分析可知,该矿区煤层气成因类型以混合成因为主。在 3 个矿区中,宿州矿区微生物活动程度最强,煤层气保存条件最好,逃逸现象最不明显。

### 4.3.4 不同成因类型煤层气的赋存规模

地下水的溶解作用、煤层气的解吸运移和微生物活动等都可能是煤层气 $CH_4$ 碳同位素组成变轻的原因。然而,虽然煤层气解吸运移会在短时间内使得解吸气具有较轻的同位素组成,但是如果煤层气解吸运移现象一直持续至今,后期解吸出的煤层气应该具有较重的碳同位素组成,这与已有测试结果相矛盾。

秦胜飞等(2006)认为,地下水溶解作用可以导致煤层气 $CH_4$ 碳同位素偏轻。但是,地下水往往赋存在构造裂隙带等局部区域,无法解释整个矿区煤层气碳同位素普遍偏轻的事实。已有研究表明,地下水厌氧、低硫酸盐等条件适宜产甲烷菌的生存和 $CO_2$ 还原气的生成。因此,地下水反而有可能是次生生物气生成的主要场所。次生生物气形成过程中会产生很大的同位素分馏,从而使得生成的 $CH_4$ 具有较轻的碳同位素组成。因此,微生物活动下次生生物气和热成因煤层气的混合可能是造成同位素偏轻的主要原因。同时,微生物对重烃组分的降解,也可以成为除解吸运移之外,煤层气组分变干的一个主要原因。

鉴于热成因气和生物成因气在研究区都有赋存,有必要确定两者各自的贡献比例。在通过岩石热解实验后,Bao 等(2013)修正了热成因气与煤有机质成熟度($R_{o,max}$)之间的线性关系:

$$\delta^{13}C = -26.20 \lg R_{o,max} - 34.12 \qquad (R_{o,max} < 1.30\%)$$
$$\delta^{13}C = -25.85 \lg R_{o,max} - 43.08 \qquad (R_{o,max} \geqslant 1.30\%)$$

根据表 3-1 中的 $R_{o,max}$ 数据,濉萧矿区、临涣矿区和宿州矿区热成因气的 $CH_4$ 碳同位素组成分别为 $-38.5‰$、$-35.4‰$ 和 $-33.7‰$。考虑到生物成因气造成的较大的碳同位素分馏,Tao 等(2007)通过统计之前已经发表的全球 576 个煤层气 $CH_4$ 碳同位素数据,认为生物成因气 $CH_4$ 碳同位素组成应该为 $-70‰ \sim -75‰$。本研究选取表 4-2 中最轻的数据($-75.5‰$)作为生物成因气端元的碳同位素组成。各矿区生物成因气和热成因煤层气的相对比例可以根据下列两端元混合方程进行计算,计算结果见表 4-2:

$$aA + bB = C \qquad (4-1)$$
$$a + b = 1 \qquad (4-2)$$

式中:$a$ 代表热成因气的相对比例;$A$ 代表不同矿区热成因气 $\delta^{13}C\text{-}CH_4$ 同位素组成;$b$ 代表生物成因气的相对比例;$B$ 代表不同矿区生物成因气 $\delta^{13}C\text{-}CH_4$ 同位素组成;$C$ 代表不同矿区煤层气 $\delta^{13}C\text{-}CH_4$ 实测数据。

从计算结果可以看出,各个矿区生物成因气的贡献比例变化很大:濉萧矿区为 $19.2\% \sim 100\%$;临涣矿区为 $27.2\% \sim 61.3\%$;宿州矿区为 $21.8\% \sim 81.1\%$。这反映出淮北矿区煤层气的生成和富集过程比淮南煤田更为复杂(Tao et al.,2007,2012)。考虑到煤体的非均质性十分强烈,煤层中煤层气含量的差异十分明显。因此,要想进一步估算出各矿区不同成因类型煤层气的资源规模,仅仅依靠 $CH_4$ 碳同位素组成的差异是十分困难的。

## 4.3.5　淮北煤田煤层气形成与地质历史演化

煤层气的形成和富集成藏受盆地的沉积速率、沉降速率和构造-热演化等多种地质因素的控制(Scott,2002;Aravena et al.,2003;Flores et al.,2008;Kędzior,2009;Moore,2012)。Wu 等(2011)研究表明,淮北煤田晚古生代至今的构造沉降历史可划分为 3 个阶段(图 4-7),煤层气的生成和富集也受这一过程

的控制。根据这一构造演化特征,该煤田煤层气的生成和富集可分为 3 个阶段:
原生生物气和热成因气生成阶段、煤层气逸散阶段、次生生物气补充形成阶段。

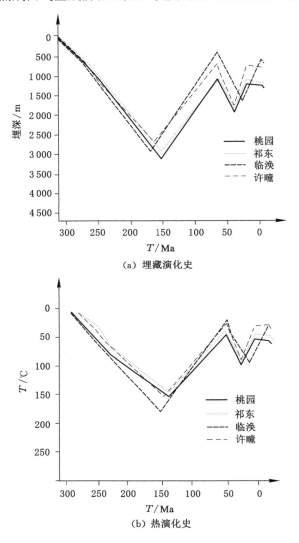

图 4-7　淮南-淮北煤田构造埋藏演化史和热演化史
(Wu et al.,2011)

　　淮北煤田煤层气形成和赋存条件的复杂性使得准确评价煤层气资源规模变
得困难,问题的关键取决于成煤作用后期煤层气的逸散程度和次生生物气的形
成规模,二者的此消彼长关系对研究区煤层气的赋存和资源前景至关重要。淮

北煤田煤层气 $CH_4$ 碳同位素普遍偏轻,且变化范围较大,热成因气和生物成因气均有赋存。濉萧矿区热成因气逃逸现象明显;临涣矿区煤层气稍弱,微生物对煤层气的改造更强;宿州矿区表现为强烈的微生物活动对热成因气的改造和补充。

在侏罗纪和白垩纪之交(150 Ma 之后),含煤地层逐渐抬升,局部甚至出露地表,煤层脱气作用较为明显。从临涣矿区和濉萧矿区 $CH_4$ 同位素和 HC 的变化情况看,似乎煤层气的运移和逸散现象时至今日仍在进行。然而,由于煤的不均质性和渗透性差等原因,埋藏深的区域仍有相当一部分热成因煤层气得以保存。这可以从落在热成因区间的 $CH_4$ 碳同位素数据得到印证(图 4-4)。然而,在濉萧矿区和临涣矿区,较为明显的逃逸现象暗示了煤层气的逸散从 150 Ma以后持续进行,也从另一个角度说明这两个矿区煤层气保存条件不佳,尤其是濉萧矿区。因此,次生生物成因煤层气形成之后,也不太可能大规模地富集,而是逸散到大气中。但是,在宿州矿区,煤层气没有发生明显的逃逸,而且大量次生生物气的生成进一步补充了煤层气的资源规模。

生物成因 $CH_4$ 的形成需要多种微生物对有机质进行多步骤的协同降解作用。醋酸发酵作用和 $CO_2$ 还原作用是生物成因气的两个主要形成途径(Rice,1993;Whiticar et al.,1986;Whiticar,1999;Stąpoć et al.,2007;Quillinan et al.,2014)。前人研究表明,在埋深 1 350～1 800 m,大气降水携带并接种到煤层中的产甲烷菌仍能具有较强的活性,从而产生一定规模的生物成因 $CH_4$(Flores et al.,2008)。从淮北煤田煤层气 $CH_4$ 碳、氢同位素组成特征看,没有醋酸发酵气的信号,$CO_2$ 还原作用应该是其主要的形成机制。这也与前期的研究成果相佐证(佟莉 等,2013)。从 3 个矿区的总体情况来看,微生物的活动强度存在较明显的差异,生物成因气对煤层气资源的贡献也各不相同。濉萧矿区生物成因气形成后逸散现象明显,对煤层气资源量的贡献有限;临涣矿区情况稍好,但生物成因气的贡献显著弱于热成因气;宿州矿区生物成因气的贡献较大,可能与热成因气相当。但是,由于本研究采样深度最大只有 722 m,深部煤层气的特征仍需进一步研究。

综观整个淮北煤田 3 个矿区煤层气的地球化学特征,生物成因气并没有覆盖热成因气的信号。两种成因类型煤层气的赋存空间并不是完全独立的,而是具有一定的规律性。根据 Flores 等(2008)在美国粉河盆地的研究成果,以及我国淮北煤田煤层气组分和同位素特征,不同成因类型煤层气的赋存从上到下具有如下规律:煤层气氧化区、次生生物气富集区、混合成因煤层气富集区和热成因煤层气富集区。在平面上,盆地的边缘浅部以生物成因气为主,中心地带为热成因气富集区,二者中间则是两种成因类型煤层气的混合区(图 4-8)。考虑到在垂直方向上煤层气逸散和次生生物气的影响等因素,濉萧矿区煤层气资源前景有限,主要取决于深部热成因气的资源规模;临涣矿区资源前景稍好,以热成因气为主,生物成因气和混合成因气可能在局部地区赋存较好;宿州矿区资源前景最好,以混合成因气为主,主要得益于生物成因气和热成因气均有很好的赋存。这一认识与姜波等(2001)根据该地区构造演化和煤层储物性特征得出的结论十分相近。

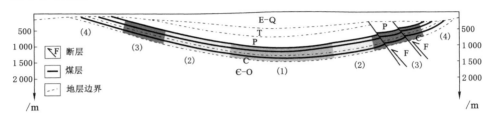

图 4-8　淮北煤田不同成因类型煤层气赋存模式图

注:(1) 热成因煤层气赋存区;(2) 混合成因煤层气赋存区;(3) 次生生物成因煤层气赋存区;(4) 煤层气氧化带;∈:寒武系;O:奥陶系;C:石炭系;P:二叠系;T:三叠系;E:古近系;Q:第四系。

# 4.4　土城向斜煤层气地球化学特征

### 4.4.1　煤层气气体组成分析

土城向斜煤层气中 $N_2$ 的含量从 3.0% 到 12.8% 不等(表 4-3)。$N_2$ 和 $CH_4$ 的浓度之间出现了负的线性关系(图 4-9)。这表明大气对煤层气进行了改造(Tao et al.,2007)。此外,一部分 $N_2$ 也有可能是煤有机质降解所产生。土城向斜煤层气中 $CO_2$ 的含量为 4.6%～9.8%,平均为 6.9%。这一含量水平与淮北煤田的 $CO_2$ 含量平均值非常相近($\approx$7.0%;Li et al.,2015)。CDMI 通常用来识别煤层气中 $CO_2$ 的来源,如果 CDMI 值超过 60%,则说明该气体为无机源;若低于 15%,则为有机源(Clayton,1998)。研究区 CDMI 值分布范围为 5.1%～10.5%,远远低于 60%。所以,排除其为无机成因。以 $\delta^{13}C\text{-}CO_2$ 和 CDMI 值为判别依据,土城向斜煤层气中的 $CO_2$ 属于有机质热降解来源[图 4-10(a)]。戴金星等(1994)认为,有机成因 $CO_2$ 的 $\delta^{13}C$ 值小于 $-10‰$。Golding 等(2013)把 $\delta^{13}C\text{-}CO_2 = -10‰$ 作为 $CO_2$ 有机、无机来源的分界线。尽管土城向斜含煤岩系下伏峨眉山玄武岩,土城向斜煤层气中的 $CO_2$ 主要为有机成因,并未发现有幔源 $CO_2$ 的混入。

Faber 等(1984)指出,当烃指数 $C_{HC}$ 低于 100 时,指示煤层气为热成因气;当其高于 100 时,则表明有生物成因 $CH_4$ 的存在;当其处于 100～1 000 范围内

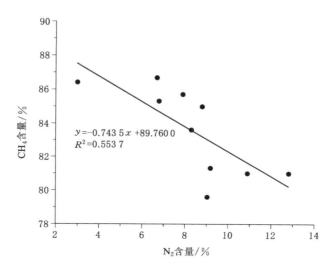

图 4-9　土城向斜煤层气中 $N_2$ 与 $CH_4$ 含量的线性关系

时,则煤层气为混合来源;当其高于 1 000 时,煤层气为典型的微生物成因气。由表 4-3 可知,土城向斜煤层气的 $C_{HC}$ 分布范围为 38.3~72.6,平均值为 51.8,远低于 100,煤层气总体表现为热成因气。Moore 等(2012)和 Tao 等(2007)指出,气体干湿指数($C_1 / \sum C_{1\sim5}$)可以指示煤层气的来源。在土城向斜,该参数的分布范围为 97.4%~98.6%,表明松河区块煤层气为干气(干燥指数大于 95%)。通常,只有生物成因气和高温裂解气才具有干气的特征(Moore,2012;Scott et al.,1994;Tao et al.,2007)。土城向斜煤级最高仅为焦煤,$R_o$ 值分布仅为 0.8%~1.2%,远达不到产生裂解气的阶段($R_o > 2.0\%$;Scott et al.,1994)。这表明,土城向斜赋存的煤层气在地质历史演化后期遭受了微生物的改造。

**4.4.2　气体同位素组成分析**

前人将 $\delta^{13}C\text{-}CH_4$ 为 −55‰作为热成因 $CH_4$ 和生物成因 $CH_4$ 之间的界线,认为当 $\delta^{13}C\text{-}CH_4$ 小于 −55‰时,煤层气是生物成因气(Clayton,1998;Rice,1993;Scott et al.,1994);但是,Smith 等(1996)认为,生物成因甲烷的 $\delta^{13}C\text{-}CH_4$ 值可以达到 −50‰。淮北煤田 $\delta^{13}C\text{-}CH_4$ 值的分布范围为 −75.5‰~ −42.8‰(Li et al.,2015),总体上比土城向斜要轻。根据 $\delta^{13}C\text{-}CH_4$ 和烃指数 $C_{HC}$[图 4-11(a)],土城向斜的数据点均位于热成因气的范围内,而淮北煤田的数据点则较为分散。这表明在该模式下,土城向斜煤层气成因类型为热成因气,而淮北煤田煤层气的来源是多元的。

在生物成因气中,乙酸发酵气的 $\delta D\text{-}CH_4$ 分布范围为 −400‰~ −250‰,$CO_2$ 还原气的 $\delta D\text{-}CH_4$ 分布范围为 −250‰~ −150‰;热成因气的 $\delta D\text{-}CH_4$ 值

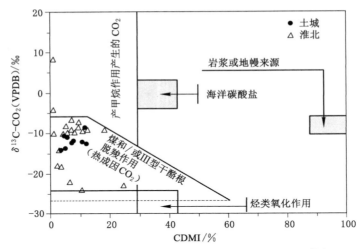

（a）利用$\delta^{13}$C-$CO_2$与CDMI鉴别土城向斜煤层气中$CO_2$的来源

（根据 Lan et al.,2013；Li et al.,2015修改）

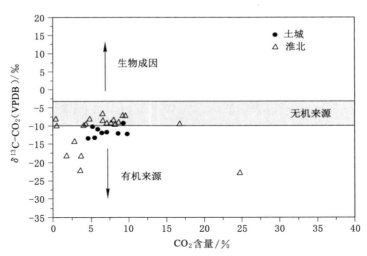

（b）利用$\delta^{13}$C-$CO_2$与$CO_2$含量鉴别土城向斜煤层气中$CO_2$的来源

（根据 Golding et al.,2013修改）

图 4-10　利用$\delta^{13}$C-$CO_2$与 CDMI 和$\delta^{13}$C-$CO_2$与$CO_2$含量鉴别

土城向斜煤层气中$CO_2$的来源

不低于－250‰，热裂解气的$\delta$D-$CH_4$甚至重于－200‰（表 4-6；Rice，1993；Whiticar et al.，1986；Whiticar，1999）。Whiticar（1999）认为，$CO_2$还原型与甲

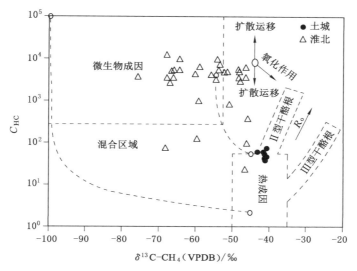

(a) $\delta^{13}C\text{-}CH_4\text{-}C_{HC}$（根据 Whiticar, 1999 修改）

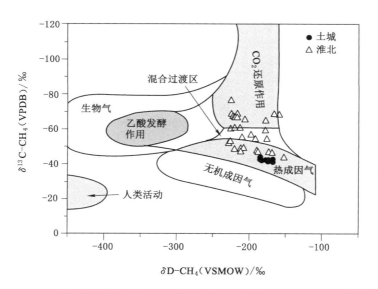

(b) $\delta D\text{-}CH_4\text{-}\delta^{13}C\text{-}CH_4$（根据 Li et al., 2015; Flores et al., 2008 修改）

图 4-11　基于 $\delta^{13}C\text{-}CH_4\text{-}C_{HC}$、$\delta D\text{-}CH_4\text{-}\delta^{13}C\text{-}CH_4$、$\delta^{13}C\text{-}CO_2\text{-}\delta^{13}C\text{-}CH_4$、
$\delta^{13}C\text{-}CH_4\text{-}\delta^{13}C\text{-}CO_2$ 识别煤层气的来源

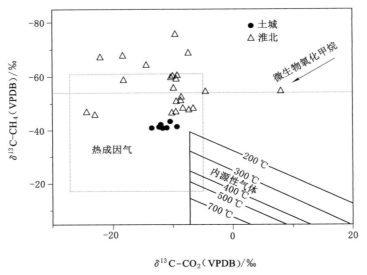

(c) $\delta^{13}$C-CO$_2$ - $\delta^{13}$C-CH$_4$（根据 Whiticar, 1999 修改）

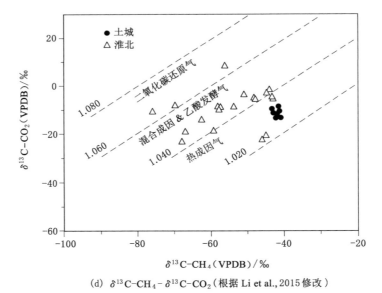

(d) $\delta^{13}$C-CH$_4$ - $\delta^{13}$C-CO$_2$（根据 Li et al., 2015 修改）

图 4-11 （续）

基型发酵的生物成因气的 $\delta^{13}C\text{-}CH_4$ 界限可能为 $-60‰$，$\delta D\text{-}CH_4$ 值界限为 $-250‰$。土城向斜煤层气的 $\delta D\text{-}CH_4$ 分布范围为 $-185.8‰\sim-169.2‰$，最小端元值为 $-185.8‰$。该值大于 $-250‰$，进一步表明土城向斜煤层气为热成因气。这和图 4-11(b)得出的结论是一致的。虽然土城向斜煤层气 $\delta D\text{-}CH_4$ 都大于 $-200‰$，处于热裂解气体的分布范围，但该区煤级达不到生成热裂解气的阶段。所以，该热成因气应为热降解气。

**表 4-6　不同成因煤层气中 $\delta D\text{-}CH_4$ 值的分布**

| 成因类型 | | $\delta D\text{-}CH_4(VSMOW)/‰$ | 参考文献 |
|---|---|---|---|
| 生物成因气 | 乙酸发酵气 | $-400\sim-250$ | Rice,1993；Whiticar 等,1986；Whiticar,1999 |
| | 二氧化碳还原气 | $-250\sim-150$ | |
| 热成因气 | 热降解气 | $>-250$ | |
| | 热裂解气 | $>-200$ | |
| 地幔来源气 | | $-350\sim-150$ | |

　　Rice(1993)指出，煤层气的 $\delta^{13}C\text{-}CO_2$ 值范围为 $-26.0‰\sim+18.6‰$。事实上，不同来源的 $CO_2$，其 $\delta^{13}C\text{-}CO_2$ 分布范围也会不同。因此，通过评价煤层气中 $CO_2$ 碳同位素组成来揭示煤层气的成因也是一个非常有效的方法。Whiticar 等(1986)指出，与微生物成因甲烷相关的 $\delta^{13}C\text{-}CO_2$ 值分布范围为 $-40‰\sim+20‰$；热降解气分布范围为 $-5‰\sim-25‰$；地幔源为 $-5‰\sim-9‰$（Fleet et al.,1998；Kotarba et al.,2001）。根据表 4-4，土城向斜煤层气中 $\delta^{13}C\text{-}CO_2$ 值分布范围为 $-13.4‰\sim-9.3‰$，处于热降解气范围内。这与图 4-11(c)所显示的结果是一致的。此外，$\delta^{13}C\text{-}CO_2$ 的最大边界值为 $-9.3‰$，低于幔源 $CO_2$ 的最小碳同位素边界值 $-9‰$，所以排除该 $CO_2$ 幔源的可能。另外，由于 $\delta^{13}C\text{-}CO_2$ 值在 $-40‰$ 至 $+20‰$ 范围内，这么大的变化可能与微生物成因甲烷的产生有关。

　　基于 $CO_2$ 和 $CH_4$ 之间的碳同位素分馏也可以区分煤层气的成因类型(Romero et al.,2011；Strapoć et al.,2007)。Romero 等(2011)发现，对于甲基型发酵产生的微生物气体，$CO_2$ 和 $CH_4$ 之间的碳同位素分馏系数($\alpha_{CO_2\text{-}CH_4}$)介于 $1.03\sim1.06$；而对于 $CO_2$ 还原气，该值则介于 $1.06\sim1.09$。为了更准确地界定煤层气的来源，Li 等(2015)对 $\alpha_{CO_2\text{-}CH_4}$ 值进行了细化[图 4-11(d)]，发现热成因气的 $\alpha_{CO_2\text{-}CH_4}$ 值分布在 $1.020\sim1.040$；$CO_2$ 还原气的 $\alpha_{CO_2\text{-}CH_4}$ 值分布在 $1.060\sim1.080$；当 $\alpha_{CO_2\text{-}CH_4}$ 值分布在 $1.040\sim1.060$ 时，表示煤层气为混合来源。在图 4-11(d)中，土城

向斜的数据点仅分布在热成因区间。

Tao 等(2020)研究表明,$\delta^{13}$C-CH$_4$ 值与有机质成熟度呈正相关关系。本研究根据热模拟回归公式 $\delta^{13}C_1 = 22.42\lg R_o - 34.8$(刘文汇 等,1999),对甲烷碳同位素特征进行探讨。土城向斜煤岩 $R_o$ 值分布范围为 $0.8\% \sim 1.2\%$,采用上述模型计算可得 $\delta^{13}C_1$ 值分布范围为 $-35.0\%_o \sim -33.0\%_o$。然而,实验分析结果表明(表 4-4),$\delta^{13}C_1$ 分布范围为 $-43.2\%_o \sim -40.7\%_o$,明显比理论值偏轻。Golding 等(2013)和 Kinnon 等(2010)的研究表明,这种差异可能是由于微生物成因甲烷的混入、地下水的溶解,以及沥青和液体碳氢化合物的裂解等因素造成的。土城向斜水动力条件是比较微弱的,地下水溶解的可能性较小(Wu et al.,2018)。研究区煤级较低,煤岩成熟度低,远达不到裂解的阶段($R_o > 2.0\%$)。因此,这一现象很大可能归因于微生物对煤层气的改造。

如上文分析,微生物的活动会改变 $\delta^{13}$C-CH$_4$、$\delta$D-CH$_4$、$\delta^{13}$C-CO$_2$ 等参数的原有组成特征,进而掩盖煤层气的成因特征。Rice(1993)指出,世界范围内煤层气 $\delta^{13}$C-C$_2$H$_6$ 的分布范围为 $-32.9\%_o \sim -22.8\%_o$,当 $\delta^{13}$C-C$_2$H$_6$ 在 $-28\%_o \sim -24\%_o$,而 $\delta^{13}$C-CH$_4 < -55\%_o$ 时,可能表明热成因乙烷和生物成因甲烷的混合。根据图 4-12,土城向斜 $\delta^{13}$C-CH$_4$、$\delta^{13}$C-C$_2$H$_6$ 并不位于热作用下的协同演化线上。这表明该研究区内的煤层气明显受到了微生物的改造作用。

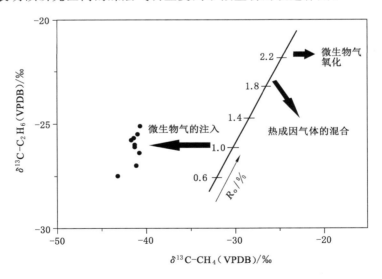

图 4-12　利用 $\delta^{13}$C-CH$_4$ 及 $\delta^{13}$C-C$_2$H$_6$ 识别土城向斜煤层气成因
（根据 Kotarba et al.,2001；Tao et al.,2007 修改）

### 4.4.3　构造演化对煤层气富集成藏过程的控制

Tang 等(2016)对盘州煤田煤层沉积埋藏史的模拟结果表明,土城向斜含煤地层先后经历了二叠纪至晚三叠世(P～T₃)和早侏罗世至早白垩世(J₁～K₁)两个沉积埋藏期;中三叠世至晚三叠世(T₂～T₃)和早白垩世至早古近纪(K₁～E₁)两个构造隆升期;二叠纪至早三叠世(P～T₁)、中三叠世至中白垩世(T₂～K₂)、晚白垩世至第四纪(K₃～Q)三个生烃期。基于此,我们建立了构造演化与土城向斜煤层气成因成藏之间的耦合关系(图 4-13):二叠纪至早三叠世(P～T₁),煤级较低($R_o$<0.5%),以大量原生生物气生成和富集为标志。然而,由于缺乏盖层,原生生物气很难保存。在中三叠世至早侏罗世阶段(T₂～J₁),温度上升,煤级提高,早期热成因气生成;当温度超过 80 ℃时,煤级水平达到气煤阶段,大量热成因气开始积聚。当煤层埋深到 3 000 m 以下时,地热温度达到了近 120 ℃,煤级达到了肥煤阶段,$R_o$ 值甚至超过了 1.0%,此时为热成因气富集的全盛时期。在燕山中期(J₂～K₂),深成变质作用和岩浆热变质作用导致地温梯度急剧上升,达到 5.5 ℃/100 m（Tang et al.,2016)。相应地,古地温急剧上升至 140 ℃,煤级达到焦煤阶段,$R_o$ 达到 1.2%。在此期间,生成了占煤层气主导地位的热降解气。在晚白垩世至第四纪阶段(K₃～Q),煤层抬升至浅表面(<1 000 m)。由于缺乏天然盖层,一些热成因气在此期间通过构造裂缝逸出。与此同时,产甲烷菌等微生物随地表水通过构造裂缝渗入浅层煤层,从而生成次生生物气。此外,大气降水对煤层气逃逸的裂缝通道产生了一定的封堵作用,从而有助于煤层气的保存。

### 4.4.4　不同成因煤层气占比

根据前文分析,土城向斜煤层气主要为热成因气,但后期遭受了微生物的改造。我们可以根据热模拟回归方程[公式(4-3)]和 $\delta^{13}C\text{-}CH_4$ 守恒定律[公式(4-4)和公式(4-5)]进一步量化两者之间的相对比例关系:

$$\delta^{13}C_1 = 22.42\lg R_o - 34.8 \tag{4-3}$$

$$a\delta^{13}C_{1\text{-}T} + b\delta^{13}C_{1\text{-}B} = (a+b)\delta^{13}C_{1\text{-}M} \tag{4-4}$$

$$a+b=1 \tag{4-5}$$

式中:$a$ 为热成因甲烷的比例;$b$ 为生物成因甲烷的比例;$\delta^{13}C_{1\text{-}T}$ 为甲烷的碳同位素组成;$\delta^{13}C_{1\text{-}B}$ 为生物甲烷的碳同位素组成;$\delta^{13}C_{1\text{-}M}$ 为实测气体样品的碳同位素组成。

从图 4-13 可以得出,当生成次生生物甲烷时,其 $R_o$ 值为 1.2%。将 $R_o$=1.2%代入公式(4-3)中,计算得出 $\delta^{13}C_{1\text{-}T}$ 为 -33.0‰。Tao 等(2007)统计了来自全球的 576 个样品的 $\delta^{13}C\text{-}CH_4$ 值,提出了 -70.0‰为生物甲烷的中间值。因此,在本研究中,$\delta^{13}C_{1\text{-}B}$ 取 -70.0‰。此外,实测的 $\delta^{13}C_{1\text{-}M}$ 值来自表 4-4。计算结

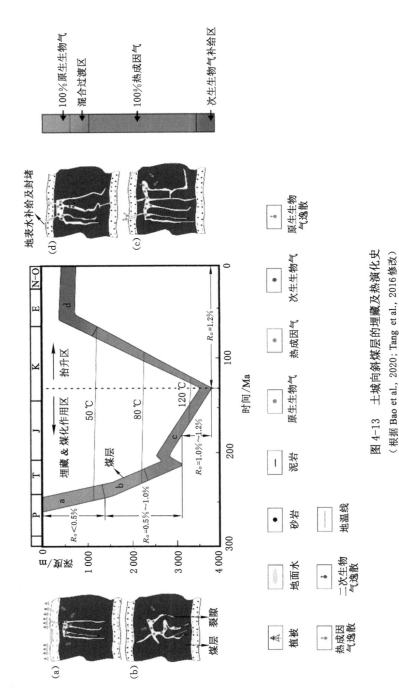

图 4-13　土城向斜煤层的埋藏及热演化史

（根据 Bao et al., 2020; Tang et al., 2016修改）

注：a：原生生物气的生成和积累阶段；b：热成因气的开始生成阶段；c：热成因气大规模生成和积累阶段；d：次生生物气的补给阶段；次生生物气的补给阶段；P：二叠纪；T：三叠纪；J：侏罗纪；K：白垩纪；E：古近纪；N：新近纪；Q：第四纪。

果如表 4-7 所示,热成因甲烷约占土城向斜煤层气总量的 $72.4\%\sim79.2\%$,生物成因甲烷的占比为 $20.8\%\sim27.6\%$。整体上,生物成因甲烷的含量小于热成因甲烷的含量。

表 4-7　土城向斜不同成因煤层气占比

| 样品编号 | $\delta^{13}C\text{-}CH_4$(VPDB)/‰ | $a/\%$ | $b/\%$ |
|---|---|---|---|
| SH1 | −41.1 | 78.1 | 21.9 |
| SH2 | −41.3 | 77.6 | 22.4 |
| SH3 | −41.7 | 76.5 | 23.5 |
| SH4 | −41.4 | 77.3 | 22.7 |
| SH5 | −43.2 | 72.4 | 27.6 |
| SH6 | −41.3 | 77.6 | 22.4 |
| SH7 | −40.7 | 79.2 | 20.8 |
| SH8 | −41.0 | 78.4 | 21.6 |
| SH9 | −40.8 | 78.9 | 21.1 |
| 平均值 | −41.4 | 77.3 | 22.7 |

## 4.5　本章小结

由于受到区域构造作用的影响,淮北煤田和盘州煤田成煤后期含煤地层均遭受了强烈的改造,煤层气的形成机制和赋存规律十分复杂,成因类型并不单一:

(1)淮北煤田煤层气为干气,主要成分为 $CH_4$,其次为 $N_2$ 和 $CO_2$。$CH_4$ 平均含量以濉萧矿区最低、临涣矿区次之、宿州矿区最高。气体组分和同位素数据显示,热成因气和生物成因气都有赋存,并存在一定程度的混合。$CH_4$ 碳同位素普遍偏轻,可能的原因是次生生物气的混入。按照不同成因类型煤层气的分布特征从上到下可划分为煤层气氧化区、次生生物气富集区、混合成因煤层气富集区和热成因煤层气富集区。在平面上,从盆地中心到盆地边缘可分为热成因煤层气富集区、混合成因煤层气富集区和次生生物气富集区。

(2)淮北煤田濉萧矿区煤层气存在明显运移和逸散现象,并一直持续至今,因此该矿区煤层气资源前景最差,主要取决于深部残余热成因气的资源规模。临涣矿区煤层气也以热成因气为主,虽然煤层气的逃逸不利于其赋存,但次生生物气的补充能够增加煤层气的资源量。因此,该矿区的煤层气资源前景为中等水平。宿州矿区煤层气为混合成因气,煤层气的逸散在 3 个矿区最不明显,说明其赋存条件最好,且大规模的次生生物气的补充又进一步增加了煤层气的资源规模,因此该矿区煤层气资源前景最好。

（3）土城向斜煤层气主要为热成因干气,但遭受了后期微生物作用的改造。次生生物甲烷占比为 20.8%～27.6%,而热成因甲烷占比为 72.4%～79.2%。作为盘州煤田成熟度最低的区块,该向斜内的煤层气仍为热成因气。这表明,盘州煤田煤层气的勘探开发应以热成因气为主,浅表层的生物成因气很难形成规模。虽然含煤地层下伏峨眉山玄武岩,$CO_2$ 碳同位素分析表明,其仍为有机来源。煤层气的成藏受到构造裂隙发育程度和煤层气的保存条件等其他客观因素的影响。土城向斜原生生物气生成于二叠纪至早三叠世（P～$T_1$）,热成因气生成于中三叠世至中白垩世（$T_2$～$K_2$）,次生生物气生成于晚白垩世至第四纪（$K_3$～Q）。

# 第 5 章　煤层水水化学演化及其对煤层气成因成藏的约束

　　含煤盆地煤层水的水文地球化学特征受补给-径流-排泄方式、沉积地层的岩性特征，以及不同层位煤层水的混合等多种因素的控制，可以提供地下水水质类型特征、地下水动力场特征、水-岩交换反应的强度和溶质端元组成等煤层水形成演化和循环过程的信息，还能反映含煤盆地内沉积地层和盖层的封闭性能等（Négrel et al.，1993；Gaillardet et al.，1999；Li et al.，2014；Lu et al.，2022b）。因此，通过对煤层水的水文地球化学特征进行深入研究，可以掌握煤层气的形成、富集、运移和逸散等方面的信息，从而为煤层气的勘探与开发、选区提供必要的理论依据。

　　在地球表生圈层，微生物成因的甲烷分布广泛。由于其埋藏深度较浅、勘探开发成本低，具有很好的资源前景和开发潜力。目前，关于微生物成因气的赋存条件、产气机理、微生物菌群特征、相关水化学条件对微生物新陈代谢的控制作用，以及实验室模拟产气等方面的研究均受到人们的极大关注（Scott et al.，1994；Aravena et al.，2003；Flores et al.，2008；Gao et al.，2013；琚宜文 等，2014；Lu et al.，2022a）。

　　在高煤阶含煤盆地中，矿化度高的煤系含水层附近容易形成热成因煤层气的富集区，而在赋存低煤阶煤的含煤盆地中，矿化度低的煤系含水层附近容易形成生物成因煤层气的富集区（王勃 等，2007）。煤层中的微生物成因煤层气大部分都是在成煤作用之后形成的次生生物气。并且，煤层中产甲烷菌等微生物的出现和微生物成因甲烷的大量生成往往与地质历史时期大气降水的注入有密切的关系（McIntosh et al.，2002；Healy et al.，2011；Shuai et al.，2013；Pashin et al.，2014）。煤层水的 pH 值、盐度、硫酸盐浓度，以及有机质类型和微生物菌群种属的组成特征等都会影响到微生物成因甲烷的形成。因此，通过分析煤层水的氧化还原条件、各种离子比值参数、相关溶质的同位素组成特征和煤层气的地球化学特征等，可以准确地掌握微生物的活动强度，进而揭示次生生物成因气的形成机制和控制因素（Whiticar et al.，1986；Whiticar，1999；Schlegel et al.，2011；Golding et al.，2013；Li et al.，2016）。煤层气的开发不仅会影响煤层水的赋存和循环模式，由于产出水一般具有较高的矿化度，并可能含有大量的重金属元素,会对地表水体、土壤和生态系统等造成潜在的威胁(Healy et al.,2011;Cheung et al.,2010;Yang et al.,2011)。因此,通过分析煤系地层地下水和煤层气产出水的地球化学特征,科学地评价其对示范区周边环境的影响也是十分必要的。

通过对淮北煤田宿东向斜、宿南向斜和盘州煤田土城向斜煤层水和煤层气井产出水取样,分析了其主要离子组成和相关溶质同位素组成特征。在进一步结合矿区水文地质特征和长期的地下水水质化验数据的基础上,本研究旨在:① 分析不同层位地下水的化学组成特征和水质类型,研究不同层位地下水水岩作用、演化和循环特征;② 评价微生物活动强度,研究生物成因煤层气的形成途径、控制因素及其对煤层气富集成藏过程的制约。

# 5.1 煤层水样品采集和实验测试

## 5.1.1 样品采集

本研究在淮北煤田宿东向斜的朱仙庄矿和芦岭矿,宿南向斜的祁南矿、祁东矿和桃园矿 5 个矿井采集含煤地层水样品和煤层气井产出水样品,在盘州煤田土城向斜主要采集松河区块煤层气排采井的伴生水样品。取样时,所用聚乙烯采样桶和 100 mL 的血清瓶事先在实验室酸洗并低温烘干,采样时先用地层水涮洗 3 次。所有地层水样品均用 0.45 $\mu$m 的玻璃纤维滤膜过滤,在实验室分析测试之前放置在冰箱内 4 ℃保存。用于阳离子、DOC 浓度及其碳同位素测试的样品需酸化至 pH<3。用于 DIC 碳同位素、$SO_4^{2-}$ 硫氧同位素测试的样品加入饱和 $HgCl_2$ 溶液杀菌保存。进行水溶气浓度测试的样品首先用饱和 $HgCl_2$ 溶液杀菌,之后用橡胶塞将血清瓶密封,并确保不留气泡。

## 5.1.2 测试分析

$HCO_3^-$ 浓度测试通过 Metrohm 全自动滴定仪器滴定,$Cl^-$、$SO_4^{2-}$、$F^-$ 浓度采用 Dionex-500 型离子色谱仪测试,$K^+$、$Na^+$、$Ca^{2+}$、$Mg^{2+}$ 浓度采用 PE-5100 型原子吸收光谱仪分析。矿化度等于主要离子($CO_3^{2-}$、$HCO_3^-$、$Cl^-$、$SO_4^{2-}$、$Ca^{2+}$、$Mg^{2+}$、$K^+$、$Na^+$)的质量浓度总和减去 $HCO_3^-$ 质量浓度的一半。DOC 浓度采用 Elementar High TOC 型 TOC 分析仪进行测试,pH 值用电位法测定。对于煤层水中溶解甲烷的分析测试,首先注入高纯氮气并排出部分水样,形成顶空气室,随后恒温 20 ℃振荡 1 h,第二天抽取顶空气体注入气相色谱仪进行气体组分测试,并进行溶解气浓度换算。

水样氢氧同位素采用 TC/EA-IRMS 法测试,测试仪器为 Finnigan MAT253 质谱仪,$\delta$D 测量精度为±1.5‰,$\delta^{18}$O 测量精度为±0.2‰,测定结果以相对 VSMOW 标准的千分差表达。DIC 碳同位素测试采用磷酸法处理，用 Finnigan MAT 253 质谱仪进行测试，分析精度为 ±0.2‰，以 VPDB 为标准，用 $\delta^{13}C(‰)$ 表达。对于 $SO_4^{2-}$ 硫氧同位素分析的样品，首先顺序加入 HCl 和 $BaCl_2$，从而得到 $BaSO_4$ 沉淀。硫同位素样品转化成 $SO_2$ 后（Cheung et al.，2010），采用 Delta V Plus 质谱仪进行测试，测量精度为 ±0.2‰，结果以 VCDT 为标准，用 $\delta^{34}S(‰)$ 表达。硫酸盐氧同位素采用碳还原法制得 $CO_2$ 后，用 Finnigan MAT 253 质谱仪进行测试，测量精度为 ±0.2‰，结果以 VSMOW 为标准，用 $\delta^{18}O(‰)$ 表达。

## 5.2　煤层水样品测试结果

### 5.2.1　宿州矿区煤层水水化学特征

淮北煤田宿东向斜和宿南向斜煤层水样品的主离子浓度和相关同位素的分析测试结果见表 5-1。研究区沉积地层水的水文地球化学特征和水动力条件的前期研究主要以矿井水害防治为目的，仅采用多元统计学主成分分析方法，分析各含水层的水文地质演化规律（桂和荣，2005；陈陆望 等，2013a，2013b），这些研究成果中关于地层水主离子组成特征和同位素测试数据见表 5-2 和表 5-3。为了更加深入地分析研究区不同层位地下水的地球化学特征和演化规律，本研究还收集了研究区芦岭矿、祁南矿和朱仙庄矿建井以来新生界含水层、灰岩含水层和煤系含水层等的水质化验分析报告，并对相关数据进行了整理（附表 1～附表 3）。需要指出的是，在阴阳离子平衡计算过程中，误差超过 5% 的数据都被剔除。根据附表 1～附表 3 的主离子浓度数据计算的各种水化学参数结果列于表 5-4。

从煤矿区长期水质监测结果看，新生界含水层、煤系含水层和灰岩含水层均为偏碱性水体，新生界和灰岩含水层具有相近的 pH 值，平均值分别为 7.72 和 7.55，而煤系含水层的 pH 值要更高，平均值达到 8.34。3 个层位的矿化度（TDS）基本相近，都低于 2 000 mg/L，然而煤层气井产出水的矿化度却高达 4 397 mg/L。这一数据高于我国另一个煤层气开发示范区柳林区块，其矿化度平均为 2 854 mg/L（Yang et al.，2011），该盆地煤层气多为热成因气。而美国粉河盆地煤层气产出水的矿化度平均仅为 862 mg/L，且该盆地煤层气以生物成因气为主（Rice et al.，2000）。

新生界含水层、煤系含水层和灰岩含水层 3 类含水层中的总阳离子浓度（$TZ^+ = Na^+ + K^+ + Mg^{2+} + Ca^{2+}$）十分相近，分别为 26.4 meq/L、23.0 meq/L 和 22.0 meq/L（表 5-5），与世界上主要地表大河河水的总阳离子浓度（0.3～10.0 meq/L）水平相比，明显偏高（Meybeck，1981）。然而，煤层气井产出水有着

表 5-1 宿州矿区煤层水样品的主离子浓度和相关同位素的分析测试结果

| 样品编号 | 层位 | pH | [Na$^+$]/(mg/L) | [K$^+$]/(mg/L) | [Mg$^{2+}$]/(mg/L) | [Ca$^{2+}$]/(mg/L) | [F$^-$]/(mg/L) | [Cl$^-$]/(mg/L) | [SO$_4^{2-}$]/(mg/L) | [HCO$_3^-$]/(mg/L) | [CO$_3^{2-}$]/(mg/L) | [Br$^-$]/(mg/L) | TDS/(mg/L) |
|---|---|---|---|---|---|---|---|---|---|---|---|---|---|
| 14 | 新生界含水层 | 7.12 | 272.0 | 42.7 | 93.9 | 388.0 | 1.2 | 316.0 | 1 060.0 | 463.0 | / | 0.6 | 2 361.4 |
| 1 | 灰岩含水层 | 7.60 | 189.0 | 5.6 | 34.9 | 71.4 | 1.0 | 85.5 | 161.0 | 555.0 | / | 0.1 | 819.3 |
| 2 | 灰岩含水层 | 7.61 | 541.0 | 2.6 | 1.7 | 7.1 | 4.3 | 115.0 | 46.7 | 1 178.0 | / | 0.4 | 1 300.5 |
| 3 | 灰岩含水层 | 7.58 | 201.0 | 4.2 | 29.8 | 54.5 | 0.5 | 84.2 | 149.0 | 560.0 | / | 0.2 | 798.5 |
| 15 | 煤系含水层 | 7.67 | 590.0 | 4.0 | 2.4 | 9.7 | 0.6 | 334.0 | 18.9 | 1 013.0 | / | 0.6 | 1 461.5 |
| 13 | 煤系含水层 | 8.34 | 1 235.0 | 22.1 | 2.1 | 11.2 | 2.6 | 924.0 | / | 1 264.0 | 167.0 | 2.5 | 2 971.3 |
| 4 | 煤层气井产出水 | 8.39 | 1 809.0 | 37.3 | 4.9 | 22.7 | 2.1 | 249.0 | 4.3 | 4 234.0 | 217.0 | 0.9 | 4 423.9 |
| 5 | 煤层气井产出水 | 8.29 | 2 244.0 | 65.7 | 12.5 | 3.8 | 1.2 | 628.0 | / | 4 434.0 | 182.0 | 1.6 | 5 287.3 |
| 6 | 煤层气井产出水 | 8.45 | 1 585.0 | 26.1 | 7.1 | 20.7 | 2.4 | 258.0 | 1.5 | 3 247.0 | 255.0 | 0.9 | 3 750.8 |
| 7 | 煤层气井产出水 | 8.15 | 2 417.0 | 59.1 | 5.7 | 10.0 | 2.2 | 492.0 | 2.1 | 5 400.0 | / | 1.2 | 5 626.8 |
| 8 | 煤层气井产出水 | 8.31 | 2 574.0 | 54.9 | 9.3 | 13.3 | 1.1 | 680.0 | 1.0 | 4 807.0 | 347.0 | 1.2 | 6 028.1 |
| 9 | 煤层气井产出水 | 8.19 | 1 721.0 | 33.9 | 6.5 | 13.3 | 1.8 | 390.0 | 7.2 | 3 830.0 | / | 0.8 | 4 053.0 |
| 10 | 煤层气井产出水 | 8.35 | 1 689.0 | 11.7 | 12.5 | 12.6 | 1.3 | 525.0 | 3.1 | 2 998.0 | 238.0 | 0.4 | 3 979.2 |
| 11 | 煤层气井产出水 | 8.30 | 1 466.0 | 8.6 | 9.5 | 12.0 | 2.8 | 637.0 | / | 2 426.0 | 189.0 | 0.5 | 3 526.5 |
| 12 | 煤层气井产出水 | 8.31 | 1 440.0 | 13.6 | 8.8 | 10.8 | 1.9 | 252.0 | 21.9 | 2 935.0 | 199.0 | 0.7 | 3 400.0 |

表 5-1（续）

| 样品编号 | 层位 | [CH$_4$]/(μL/L) | TOC/(mg/L) | δD-H$_2$O(VSMOW)/‰ | δ$^{18}$O-H$_2$O(VSMOW)/‰ | δ$^{13}$C-DIC(VPDB)/‰ | δ$^{34}$S-SO$_4^{2-}$(CDT)/‰ | δ$^{18}$O-SO$_4^{2-}$(SMOW)/‰ | δ$^{13}$C-DOC(VPDB)/‰ |
|---|---|---|---|---|---|---|---|---|---|
| 14 | 新生界含水层 | / | 1.0 | −62.9 | −8.7 | −1.1 | 28.6 | 14.5 | −24.5 |
| 1 | 灰岩含水层 | / | 1.3 | −60.6 | −8.3 | −8.9 | 22.5 | 22.2 | −21.4 |
| 2 | 灰岩含水层 | 36.1 | 1.6 | −60.4 | −8.5 | −7.6 | 25.1 | 22.8 | −26.7 |
| 3 | 灰岩含水层 | 386.4 | 1.2 | −60.1 | −8.1 | −3.1 | 20.9 | 19.1 | −25.5 |
| 15 | 灰岩含水层 | 108.3 | 0.8 | −63.8 | −8.9 | −9.4 | 30.0 | 12.4 | −25.6 |
| 13 | 煤系含水层 | 816.7 | 1.1 | −55.2 | −8.1 | 20.6 | 13.0 | / | −25.3 |
| 4 | 煤层气井产出水 | 737.0 | 1.5 | −59.9 | −8.9 | 21.3 | 16.2 | 23.8 | −25.5 |
| 5 | 煤层气井产出水 | 725.1 | 1.3 | −58.7 | −8.7 | 25.9 | 16.1 | 18.8 | −22.4 |
| 6 | 煤层气井产出水 | 753.8 | 1.7 | −60.1 | −8.7 | 25.1 | 17.6 | / | −27.1 |
| 7 | 煤层气井产出水 | 773.9 | 0.9 | −59.3 | −8.6 | 26.2 | 17.3 | 11.2 | −21.9 |
| 8 | 煤层气井产出水 | 1 238.8 | 0.7 | −56.9 | −8.6 | 26.0 | 15.7 | / | −25.2 |
| 9 | 煤层气井产出水 | 777.5 | 1.3 | −59.0 | −8.6 | 25.2 | 17.3 | 9.0 | −24.3 |
| 10 | 煤层气井产出水 | 841.4 | 1.2 | −59.0 | −8.5 | 23.0 | 18.3 | / | −25.8 |
| 11 | 煤层气井产出水 | 873.8 | 1.0 | −58.7 | −8.4 | 22.8 | 15.7 | / | −26.5 |
| 12 | 煤层气井产出水 | 891.1 | 1.4 | −61.0 | −8.7 | 23.7 | 17.1 | 13.5 | −25.6 |

表 5-2 宿州矿区各煤矿不同类型含水层水化学组成和同位素特征(陈陆望等,2013a)

| 煤矿 | 层位 | $[K^++Na^+]$/(mg/L) | $[Mg^{2+}]$/(mg/L) | $[Ca^{2+}]$/(mg/L) | $[Cl^-]$/(mg/L) | $[SO_4^{2-}]$/(mg/L) | $[HCO_3^-]$/(mg/L) | $[CO_3^{2-}]$/(mg/L) | $\delta^{13}$C-DIC(VPDB)/‰ | $\delta^{34}$S-$SO_4^{2-}$(CDT)/‰ | TDS/(mg/L) |
|---|---|---|---|---|---|---|---|---|---|---|---|
| ZXZ | 新生界含水层 | 371.7 | 55.8 | 58.7 | 199.1 | 426.4 | 560.2 | 0 | −5.5 | 26.2 | 1 391.8 |
| ZXZ | 新生界含水层 | 354.5 | 74.4 | 82.4 | 269.3 | 421.9 | 565.2 | 0 | −9.2 | 26.2 | 1 485.1 |
| ZXZ | 新生界含水层 | 354.5 | 48.1 | 49.0 | 329.0 | 161.4 | 661.3 | 0 | −11.2 | 26.7 | 1 272.7 |
| TY | 新生界含水层 | 136.0 | 74.9 | 186.8 | 301.3 | 212.3 | 488.2 | 0 | / | / | 1 155.4 |
| QD | 新生界含水层 | 308.1 | 82.7 | 111.9 | 223.2 | 586.1 | 444.2 | 0 | −8.3 | 26.8 | 1 534.1 |
| ZXZ | 煤系含水层 | 564.6 | 10.4 | 32.6 | 360.4 | 208.3 | 764.4 | 0 | −12.6 | 25.6 | 1 558.5 |
| ZXZ | 煤系含水层 | 548.0 | 10.1 | 15.2 | 362.6 | 14.4 | 908.6 | 0 | −13.9 | / | 1 404.6 |
| ZXZ | 煤系含水层 | 540.7 | 11.1 | 26.7 | 355.4 | 164.6 | 750.6 | 0 | −10.8 | 26.1 | 1 473.8 |
| ZXZ | 煤系含水层 | 603.3 | 9.4 | 11.7 | 364.4 | 14.8 | 1 037.6 | 0 | −11.6 | / | 1 522.4 |
| ZXZ | 煤系含水层 | 483.4 | 9.6 | 12.1 | 371.5 | 205.4 | 467.1 | 0 | −8.0 | 26.2 | 1 315.6 |
| LL | 煤系含水层 | 727.2 | 1.9 | 1.6 | 164.8 | 29.2 | 1 252.2 | 178.1 | / | / | 1 728.9 |
| QD | 煤系含水层 | 655.9 | 3.6 | 4.2 | 197.2 | 14.8 | 1 151.1 | 128.6 | 15.4 | 23.6 | 1 579.9 |
| LL | 灰岩含水层 | 185.5 | 40.6 | 55.9 | 92.5 | 139.9 | 529.1 | 0 | −8.2 | 26.3 | 779.0 |
| LL | 灰岩含水层 | 173.3 | 43.1 | 63.6 | 99.4 | 149.8 | 508.1 | 0 | −7.2 | 25.7 | 783.3 |
| QN | 灰岩含水层 | 27.3 | 93.8 | 190.8 | 251.7 | 220.0 | 405.8 | 0 | / | / | 986.5 |

注:QN—祁南煤矿;QD—祁东煤矿;ZXZ—朱仙庄煤矿;LL—芦岭煤矿;TY—桃园煤矿。

**表 5-3　宿州矿区各煤矿不同含水层 TDS、$\delta^{18}O\text{-}H_2O$ 和 $\delta D\text{-}H_2O$ 特征**

| 煤矿 | 层位 | $\delta^{18}O\text{-}H_2O/‰$ | $\delta D\text{-}H_2O/‰$ | TDS/(mg/L) | 参考文献 |
|---|---|---|---|---|---|
| QN | 煤系含水层 | −8.8 | −77.2 | 1 050 | 陈陆望等,2013a |
| ZXZ | 煤系含水层 | −9.3 | −64.5 | 1 599 | |
| ZXZ | 煤系含水层 | −8.6 | −63.3 | 1 446 | |
| ZXZ | 煤系含水层 | −7.8 | −61.1 | 1 517 | |
| ZXZ | 煤系含水层 | −7.4 | −61.3 | 1 570 | |
| ZXZ | 煤系含水层 | −8.2 | −63.0 | 1 354 | |
| QD | 煤系含水层 | −8.6 | −63.1 | 1 613 | |
| TY | 新生界含水层 | −9.3 | −70.3 | 1 155 | 桂和荣,2005 |
| ZXZ | 新生界含水层 | −7.9 | −75.1 | 393 | |
| LL | 新生界含水层 | −8.9 | −72.5 | 555 | |
| ZXZ | 新生界含水层 | −8.4 | −64.3 | 1 429 | 陈陆望等,2013a |
| ZXZ | 新生界含水层 | −8.0 | −62.3 | 1 521 | |
| ZXZ | 新生界含水层 | −8.1 | −61.5 | 1 469 | |
| ZXZ | 新生界含水层 | −6.7 | −52.3 | 241 | |
| ZXZ | 新生界含水层 | −7.3 | −58.2 | 220 | |
| ZXZ | 新生界含水层 | −7.8 | −57.9 | 375 | |
| ZXZ | 新生界含水层 | −7.1 | −53.9 | 350 | |
| TY | 新生界含水层 | −9.3 | −70.3 | 1 155 | |
| QD | 新生界含水层 | −8.5 | −62.7 | 1 579 | |
| TY | 灰岩含水层 | −8.8 | −61.4 | 1 005 | 桂和荣,2005 |
| QN | 灰岩含水层 | −5.5 | −69.0 | / | |
| QN | 灰岩含水层 | −8.5 | −70.1 | 986 | |
| ZXZ | 灰岩含水层 | −7.5 | −63.6 | 243 | |
| LL | 灰岩含水层 | −8.0 | −59.4 | 539 | 陈陆望等,2013a |
| LL | 灰岩含水层 | −6.7 | −44.3 | 317 | |
| LL | 灰岩含水层 | −8.0 | −59.9 | 809 | |
| TY | 灰岩含水层 | −8.8 | −61.4 | 1 005 | |
| QN | 灰岩含水层 | −8.5 | −70.1 | 986 | |

表 5-4　宿州矿区不同类型含水层常规水化学指标(依据表 5-1 和附表 1~附表 3)

| 含水层(数量) | pH (最小~最大 / 平均±σ) | [Na⁺+K⁺] (最小~最大 / 平均±σ) /(mg/L) | [Mg²⁺] (最小~最大 / 平均±σ) /(mg/L) | [Ca²⁺] (最小~最大 / 平均±σ) /(mg/L) | [Cl⁻] (最小~最大 / 平均±σ) /(mg/L) | [SO₄²⁻] (最小~最大 / 平均±σ) /(mg/L) | [HCO₃⁻] (最小~最大 / 平均±σ) /(mg/L) | TDS (最小~最大 / 平均±σ) /(mg/L) |
|---|---|---|---|---|---|---|---|---|
| 新生界含水层(66) | $\dfrac{7.10\sim8.60}{7.72\pm0.30}$ | $\dfrac{5.5\sim742.4}{279.3\pm103.4}$ | $\dfrac{35.8\sim330.6}{92.3\pm51.9}$ | $\dfrac{21.6\sim464.9}{151.6\pm75.3}$ | $\dfrac{17.9\sim378.5}{280.0\pm93.8}$ | $\dfrac{36.2\sim2\,747.6}{616.5\pm432.4}$ | $\dfrac{122.6\sim545.2}{384.7\pm38.1}$ | $\dfrac{300.0\sim4\,241.0}{1\,612.0\pm529.0}$ |
| 灰岩含水层(49) | $\dfrac{7.06\sim8.63}{7.55\pm0.42}$ | $\dfrac{151.8\sim483.3}{261.2\pm69.7}$ | $\dfrac{4.8\sim112.0}{72.0\pm32.1}$ | $\dfrac{10.3\sim251.2}{141.4\pm76.5}$ | $\dfrac{106.8\sim347.5}{240.7\pm51.6}$ | $\dfrac{8.2\sim865.9}{488.0\pm226.0}$ | $\dfrac{358.1\sim793.8}{453.8\pm75.8}$ | $\dfrac{958.0\sim1\,948.0}{1\,430.0\pm312.0}$ |
| 煤系含水层(59) | $\dfrac{7.24\sim10.33}{8.34\pm0.60}$ | $\dfrac{202.5\sim1\,173.6}{447.6\pm171.2}$ | $\dfrac{2.2\sim403.9}{29.9\pm73.3}$ | $\dfrac{1.2\sim289.0}{33.6\pm68.3}$ | $\dfrac{67.9\sim371.5}{190.1\pm106.8}$ | $\dfrac{1.7\sim2\,590.2}{304.5\pm626.8}$ | $\dfrac{290.5\sim3\,021.4}{654.0\pm413.4}$ | $\dfrac{543.0\sim3\,892.0}{1\,237.0\pm619.0}$ |
| 煤层气井产出水(9) | $\dfrac{8.15\sim8.45}{8.30}$ | $\dfrac{1\,453.6\sim2\,628.9}{1\,917.3\pm441.0}$ | $\dfrac{4.9\sim12.5}{8.5\pm2.7}$ | $\dfrac{3.8\sim22.7}{13.2\pm5.6}$ | $\dfrac{249.0\sim680.0}{456.8\pm175.6}$ | $\dfrac{1.0\sim21.9}{5.9\pm7.4}$ | $\dfrac{2\,426.0\sim5\,400.0}{3\,812.3\pm984.2}$ | $\dfrac{3\,400.0\sim6\,028.0}{4\,397.0\pm982.0}$ |

**表 5-5　宿州矿区不同类型含水层特征水化学参数**（依据表 5-1 和附表 1～附表 3）

| 含水层（数量） | $TZ^+$ $\left(\dfrac{\text{最小}\sim\text{最大}}{\text{平均值}}\right)$ $/(\text{meq/L})$ | $\gamma_{Na^+}/\gamma_{Cl^-}$ $\left(\dfrac{\text{最小}\sim\text{最大}}{\text{平均值}}\right)$ | $[Mg^{2+}+Ca^{2+}]/$ $[HCO_3^-]$ $\left(\dfrac{\text{最小}\sim\text{最大}}{\text{平均值}}\right)$ | $[Mg^{2+}]/$ $[Ca^{2+}]$ $\left(\dfrac{\text{最小}\sim\text{最大}}{\text{平均值}}\right)$ | $\gamma_{SO_4^{2-}}/\gamma_{(SO_4^{2-}+Cl^-)}$ $\left(\dfrac{\text{最小}\sim\text{最大}}{\text{平均值}}\right)$ $/\%$ | $[Na^++K^+]/$ $[Mg^{2+}+Ca^{2+}]$ $\left(\dfrac{\text{最小}\sim\text{最大}}{\text{平均值}}\right)$ |
|---|---|---|---|---|---|---|
| 新生界含水层（66） | $\dfrac{6.1\sim64.9}{26.4}$ | $\dfrac{0.2\sim17}{1.9}$ | $\dfrac{0.8\sim13.4}{2.6}$ | $\dfrac{0.4\sim3.4}{1.2}$ | $\dfrac{13.0\sim72.9}{39.9}$ | $\dfrac{0\sim4.7}{1.7}$ |
| 灰岩含水层（49） | $\dfrac{13.0\sim28.1}{23.0}$ | $\dfrac{0.9\sim3.3}{1.7}$ | $\dfrac{0.1\sim3.1}{1.9}$ | $\dfrac{0.5\sim2.0}{1.0}$ | $\dfrac{24.1\sim94.3}{42.9}$ | $\dfrac{0.6\sim13.8}{3.5}$ |
| 煤系含水层（59） | $\dfrac{9.9\sim63.7}{22.0}$ | $\dfrac{1.6\sim17.0}{4.5}$ | $\dfrac{0.02\sim9.65}{0.60}$ | $\dfrac{0.4\sim6.1}{1.8}$ | $\dfrac{0.6\sim94.3}{24.8}$ | $\dfrac{2.3\sim225.9}{40.3}$ |
| 煤层气井产出水（9） | $\dfrac{58.2\sim103.7}{76.0}$ | $\dfrac{3.3\sim10.3}{6.5}$ | $\dfrac{0.01\sim0.02}{0.01}$ | $\dfrac{0.4\sim5.5}{1.5}$ | $\dfrac{0\sim3.1}{0.6}$ | $\dfrac{78.0\sim198.3}{114.3}$ |

更高的总阳离子浓度（76.0 meq/L）。3 类含水层中阳离子都以 $Na^+$ 和 $K^+$ 为主,区别在于煤系含水层和煤层气井产出水的 $Na^+$ 和 $K^+$ 含量更高,占到阳离子的 90% 以上。新生界含水层中主要阴离子（$HCO_3^-$）的优势不明显,其余两类含水层的阴离子中 $HCO_3^-$ 优势比较明显,其次为 $Cl^-$ 和 $SO_4^{2-}$。

$SO_4^{2-}$ 的平均含量按照新生界含水层、灰岩含水层、煤系含水层和煤层气井产出水的顺序逐渐降低。新生界松散层和灰岩中各含水层的脱硫系数 $[\gamma_{SO_4^{2-}}/\gamma_{(SO_4^{2-}+Cl^-)}]$ 都在 30% 以上,而煤层气井产出水的脱硫系数平均仅为 0.6%。3 类含水层中,钠氯系数（$\gamma_{Na^+}/\gamma_{Cl^-}$）均大于 1.0,煤层气井产出水中钠氯系数更是高达 6.5。本研究所采集地层水样品中的 TOC 浓度范围为 0.7～

1.7 mg/L，水溶甲烷的浓度变化范围较大（36.1～1 238.8 μL/L）。煤层气井产出水中溶解的甲烷气浓度都稳定在 700 μL/L 以上。

### 5.2.2 宿州矿区煤层水同位素组成特征

新生界含水层 $\delta D\text{-}H_2O$ 变化范围为 $-52.3‰\sim-75.1‰$，$\delta^{18}O\text{-}H_2O$ 变化范围为 $-6.7‰\sim-9.3‰$；灰岩含水层 $\delta D\text{-}H_2O$ 变化范围为 $-44.3‰\sim-70.1‰$，$\delta^{18}O\text{-}H_2O$ 变化范围为 $-5.5‰\sim-8.8‰$；煤系含水层 $\delta D\text{-}H_2O$ 变化范围为 $-55.2‰\sim-77.2‰$，$\delta^{18}O\text{-}H_2O$ 变化范围为 $-7.4‰\sim-9.3‰$；煤层气井产出水 $\delta D\text{-}H_2O$ 变化范围为 $-56.9‰\sim-61.0‰$，$\delta^{18}O\text{-}H_2O$ 变化范围为 $-8.4‰\sim-8.9‰$。

溶解无机碳（DIC）碳同位素明显分为两组：一组同位素组成偏重，变化范围为 $20.6‰\sim26.2‰$；另一组偏轻，变化范围为 $-13.9‰\sim-1.1‰$。不同含水层溶解有机碳（DOC）碳同位素组成特征没有明显的区别，变化范围为 $-21.4‰\sim-27.1‰$，与煤有机质的碳同位素组成十分接近。热演化作用或者微生物降解作用引起的 DOC 与煤有机质之间的碳同位素分馏并不明显。

硫酸盐具有较重的硫同位素组成，变化范围较宽（$13.0‰\sim30.0‰$）。但是，煤层气井产出水中硫酸盐硫同位素相对偏轻，普遍小于 20‰。硫酸盐中还具有较重的氧同位素组成（$9.0‰\sim23.8‰$）。由于部分样品中硫酸盐浓度太低，受制于采样量只有 5 L，这些样品只测试了硫酸盐的硫同位素组成，氧同位素组成未进行测试。

### 5.2.3 土城向斜煤层水水化学特征

根据表 5-6，土城向斜所采集水样呈中性至弱碱性，pH 值分布范围为 7.1～8.5。$Na^+$ 浓度分布范围为 1 526.6～3 674.6 mg/L，平均为 2 737.6 mg/L。$Cl^-$ 浓度分布范围为 2 581.4～5 224.5 mg/L，平均为 3 856.8 mg/L。$HCO_3^-$ 浓度分布范围为 79.3～954.0 mg/L，平均为 544.7 mg/L。$SO_4^{2-}$ 浓度很低，平均浓度仅为 0.1 mg/L。就阳离子而言，$Ca^{2+}$ 浓度分布范围为 24.0～108.1 mg/L，平均为 53.8 mg/L；$Mg^{2+}$ 浓度分布范围为 7.0～26.1 mg/L，平均为 16.5 mg/L。TDS 浓度范围为 4 414.2～9 307.8 mg/L，平均为 7 088.9 mg/L。$\delta^{13}C\text{-}DIC$ 分布范围为 0.4‰～21.3‰，平均为 8.7‰。

表 5-6　土城向斜煤层气井伴生水的离子浓度与 DIC 碳同位素组成

| 样品编号 | pH | Eh/mV | DO/(mg/L) | 温度/℃ | [K+]/(mg/L) | [Na+]/(mg/L) | [Ca2+]/(mg/L) | [Mg2+]/(mg/L) | [SiO2]/(mg/L) | [Sr2+]/(mg/L) | [Ba2+]/(mg/L) | [F-]/(mg/L) | [Cl-]/(mg/L) | [SO4 2-]/(mg/L) | [Br-]/(mg/L) | [HCO3-]/(mg/L) | [CO3 2-]/(mg/L) | $\delta^{13}$C-DIC(VPDB)/‰ | TDS/(mg/L) |
|---|---|---|---|---|---|---|---|---|---|---|---|---|---|---|---|---|---|---|---|
| SH1 | 7.1 | −85 | 3.0 | 18.7 | 111.2 | 1 526.6 | 108.1 | 19.1 | 5.6 | 13.6 | 9.1 | 1.3 | 2 581.4 | 0.1 | 4.2 | 79.3 | / | 0.4 | 4 414.2 |
| SH2 | 7.7 | −133 | 3.8 | 13.0 | 77.8 | 1 963.9 | 28.6 | 16.1 | 9.5 | 8.5 | 6.3 | 0.5 | 2 884.9 | 0.1 | 6.1 | 585.0 | 22.2 | 7.0 | 5 285.0 |
| SH3 | 7.7 | −127 | 2.8 | 11.7 | 119.2 | 2 503.4 | 26.8 | 10.7 | 12.1 | 9.2 | 9.1 | 0.6 | 3 427.4 | 0.2 | 5.1 | 954.0 | 31.2 | 6.2 | 6 588.3 |
| SH4 | 7.9 | 68 | 1.3 | 22.5 | 75.9 | 2 310.7 | 24.0 | 7.0 | 13.2 | 7.2 | 6.6 | 1.4 | 2 937.7 | 0.2 | 5.1 | 825.3 | 28.2 | 21.3 | 5 788.2 |
| SH5 | 8.3 | 33 | 2.5 | 16.4 | 127.1 | 2 529.4 | 45.9 | 15.5 | 8.5 | 12.5 | 9.3 | 0.8 | 3 717.0 | 0.1 | 4.3 | 564.3 | / | 14.7 | 6 743.8 |
| SH6 | 8.2 | 16 | 1.0 | 25.5 | 107.0 | 3 344.7 | 92.7 | 26.1 | 14.5 | 17.2 | 13.7 | 0.6 | 4 663.6 | 0.1 | 5.8 | 472.8 | / | 14.4 | 8 507.9 |
| SH7 | 8.2 | 39 | 1.3 | 20.7 | 249.4 | 3 674.6 | 47.3 | 17.0 | 8.4 | 14.3 | 14.8 | 0.9 | 4 987.2 | 0.1 | 6.1 | 352.0 | 10.8 | 6.7 | 9 187.6 |
| SH8 | 8.3 | −76 | 2.8 | 12.8 | 163.2 | 3 515.0 | 78.0 | 22.0 | 15.1 | 16.5 | 16.2 | 0.6 | 5 224.5 | 0.1 | 7.0 | 529.5 | / | 2.2 | 9 307.8 |
| SH9 | 8.5 | −99 | 3.1 | 11.7 | 74.2 | 3 270.5 | 32.5 | 15.2 | 9.4 | 10.9 | 10.5 | 0.7 | 4 287.8 | 0.1 | 5.6 | 539.9 | 33.0 | 5.6 | 7 977.7 |
| 平均值 | 8.0 | −40 | 2.4 | 17.0 | 122.8 | 2 737.6 | 53.8 | 16.5 | 10.7 | 12.2 | 10.6 | 0.8 | 3 856.8 | 0.1 | 5.5 | 544.7 | / | 8.7 | 7 088.9 |

## 5.3 宿州矿区煤层水水化学演化及其对煤层气成因成藏的约束

### 5.3.1 水质类型及组分特征

新生界含水层各离子组分含量较为稳定,部分灰岩含水层样品的 $SO_4^{2-}$、$Ca^{2+}$ 和 $Mg^{2+}$ 含量偏低(图 5-1)。煤系含水层中的 $Ca^{2+}$ 和 $Mg^{2+}$ 含量普遍偏低,$SO_4^{2-}$ 的浓度虽然变化范围较大,但总体上要低于灰岩含水层和新生界含水层(图 5-2)。除个别数据外,新生界含水层水质类型相对单一,在图 5-1 中主要落在 I 区间,即以 Ca-Mg-Cl-SO₄ 型为主,兼有部分 Na-Cl 型水。煤系含水层的水质类型主要分布在 II 区间内,即 Na-K-HCO₃-Cl 型。 I 区间的数据可能是由于

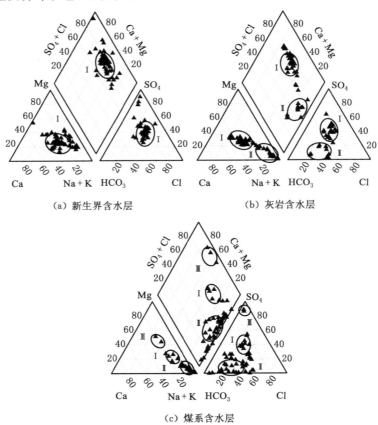

（a）新生界含水层        （b）灰岩含水层

（c）煤系含水层

图 5-1　水质类型 Piper 三线图

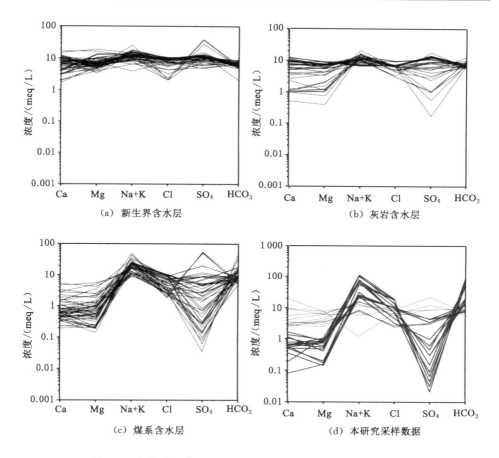

图 5-2　水化学组分 Schoeller 图（粗线代表煤层气井产出水样品）

煤层采动影响下地层裂隙增多，新生界含水层的水混入。Ⅲ区间数据则可能是溶解膏盐类物质的古水。产出水的水质类型也十分稳定，均落在Ⅱ区间，即 Na-HCO$_3$ 型。灰岩含水层明显具有Ⅰ和Ⅱ区间两种不同的水质类型，Ⅰ区间和Ⅱ区间分别代表了新生界含水层和煤系含水层的主要水质类型，说明其可能在特定的区域分别与上述两类含水层存在一定的水力联系。

　　沉积盆地内封闭的地层水中，$[Mg^{2+}]/[Ca^{2+}]$ 比值主要受制于与碳酸盐等矿物的水岩交换反应的程度。方解石和白云石等矿物的溶解不仅会增加水体中 $Mg^{2+}$、$Ca^{2+}$ 的含量，还会对水体中的 DIC 含量有一定的贡献。而方解石的沉淀则会导致水体中 $Mg^{2+}$ 的相对富集（McIntosh et al.，2002）。研究表明（韩贵琳等，2005），地层水与白云岩、方解石水岩交换反应达到平衡时，$[Mg^{2+}]/[Ca^{2+}]$

比值应该为 0.8。如果地温进一步提高，则这一比值还将继续降低。3 类含水层中 $[Mg^{2+}]/[Ca^{2+}]$ 平均值都大于或等于 1.0，显示出 $Mg^{2+}$ 相对富集。因此，在地层水化学演化过程中，含水层局部地区可能存在方解石的沉淀。

新生界含水层和灰岩含水层 $[Mg^{2+}+Ca^{2+}]/[HCO_3^-]$ 比值都大于 1.0，显示存在多余的 $Mg^{2+}$ 和 $Ca^{2+}$，这可能是由于诸如膏盐类矿物的溶解造成的，并且地层水中较高的 $SO_4^{2-}$ 含量也支持这一假设。新生界含水层中 $HCO_3^-$ 的平均含量在 3 类含水层中最低，只有煤系含水层平均含量的 58%。相对于灰岩含水层和煤系含水层而言，这可能是由于此类含水层缺少额外 $HCO_3^-$ 的补充。煤系含水层 $[Mg^{2+}+Ca^{2+}]/[HCO_3^-]$ 比值平均仅为 0.60，显示有多余的 $HCO_3^-$ 存在，其来源可能是煤有机质热演化、微生物对有机质的降解或者有机质矿化形成的 $CO_2$ 溶解。煤系含水层中 $Mg^{2+}$ 和 $Ca^{2+}$ 浓度是 3 类含水层中最低的，新生界含水层和灰岩含水层中的 $Mg^{2+}$ 和 $Ca^{2+}$ 浓度都是煤系含水层中的两倍以上。高浓度的 $HCO_3^-$ 可能促进了方解石的沉淀或者限制了相关碳酸盐矿物的溶解。

### 5.3.2 水岩交换反应和端元组成

研究区各类含水层 $Cl^-$ 平均浓度都超过 5.0 mmol/L（大气降水为 0.03 mmol/L），且钠氯系数（$\gamma_{Na^+}/\gamma_{Cl^-}$）普遍大于 1.0。显然，大气降水对各含水层溶质的直接贡献非常微弱。$Br^-$ 是一种较为保守的离子，水体在蒸发过程中 $Br^-$ 总是在最后阶段才进入蒸发岩盐类中。因此，蒸发过程中水体的 $Br^-$ 浓度逐渐增高。与此相对应的，伴随着蒸发岩溶解过程的进行，相对 $Br^-$ 而言，$Cl^-$ 浓度的增加将更为显著（Martini et al.，1998）。

一般情况下，海水的 $[Cl^-]/[Br^-]$ 比值约为 300。从图 5-3 可以看出，研究区地下水的 $Cl^-$ 明显富集，表现出蒸发岩类的溶解特征。而在煤系含水层中，$[Na^++K^+]/[Ca^{2+}+Mg^{2+}]$ 比值超过 40，煤层气井产出水该比值更是高达 114.3。除了蒸发岩溶解之外，还可能跟水体与沉积地层之间的离子交换反应有关。研究认为（Healy et al.，2011；Yang et al.，2011），钠吸附比（$[Na^+]/[Ca^{2+}+Mg^{2+}]$）超过 13.0 的水体不适用于耕地的灌溉。显然，这类水体如果直接排放或用于灌溉，将对地表水体产生不利影响，并对土壤的物理化学结构造成严重破坏。

沉积地层中矿物的溶解作用对地层水的化学组成产生重要的影响，而造成碳酸盐岩矿物溶解的主要因素则是硫酸和碳酸：

$$3Ca_xMg_{(1-x)}CO_3+H_2CO_3+H_2SO_4 \Longrightarrow 3xCa^{2+}+3(1-x)Mg^{2+}+$$
$$4HCO_3^-+SO_4^{2-} \tag{5-1}$$

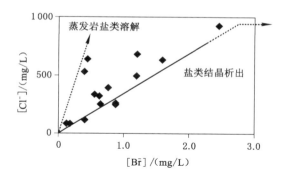

图 5-3　煤系含水层样品[Br⁻]-[Cl⁻]关系图

（数据依据表 5-1，引自 Martini et al.，1998）

地层水中碳酸最有可能来自有机质演化过程中形成的 $CO_2$ 的溶解。从公式(5-1)可以看出，水体中相当一部分 $Mg^{2+}$ 和 $Ca^{2+}$ 主要用来平衡 $SO_4^{2-}$。这应该反映了膏盐类矿物的溶解。剩余部分($[Ca^{2+} + Mg^{2+}]^* = [Ca^{2+} + Mg^{2+}] - [SO_4^{2-}]$)则用于中和 $HCO_3^-$，主要反映的是碳酸盐岩的溶解。同样的道理，一部分 $Na^+$ 和 $K^+$ 需要平衡 $Cl^-$，这部分 $Na^+$ 和 $K^+$ 可能来源于可溶蒸发岩矿物，剩余部分($[Na^+ + K^+]^* = [Na^+ + K^+] - [Cl^-]$)应该与硅酸盐岩的溶解有关。因此，将 $[Na^+ + K^+]^*$ 和 $[Ca^{2+} + Mg^{2+}]^*$ 用 $[HCO_3^-]$ 标准化处理，则能够很好地反映碳酸盐岩和硅酸盐岩矿物的溶解对各类含水层化学组成的相对贡献程度（图 5-4）。

从图 5-4 可以看出，3 类含水层的数据点基本都落在 $[Na^+ + K^+]^*/[HCO_3^-] = 0$，$[Ca^{2+} + Mg^{2+}]^*/[HCO_3^-] = 1$ 和 $[Na^+ + K^+]^*/[HCO_3^-] = 1$，$[Ca^{2+} + Mg^{2+}]^*/[HCO_3^-] = 0$ 的混合线上，表明碳酸盐岩和硅酸盐岩溶解控制了地下水各类含水层的化学组成。煤系含水层的数据点主要落在硅酸盐岩端元，显示出硅酸盐岩溶解是煤系地层水化学组分的主要控制因素。然而，部分数据超出了硅酸盐岩端元的特征区间，表明有额外的 $Na^+$ 和 $K^+$ 平衡 $SO_4^{2-}$，这类含钠钾的硫酸盐岩类的矿物应该是芒硝，一种常见的蒸发岩伴生矿物。在新生界含水层和灰岩含水层中，碳酸盐岩和硅酸盐岩的溶解对地下水化学组成的贡献基本相近。除了存在芒硝等伴生矿物的溶解之外，还可能有少部分水氯镁石和水氯钙石的溶解。虽然碳酸盐岩和硅酸盐岩溶解对各含水层化学组成的控制作用可以得到确认，但是蒸发岩类化学组成复杂，其对地下水化学组成的贡献无法用图 5-4 确定。

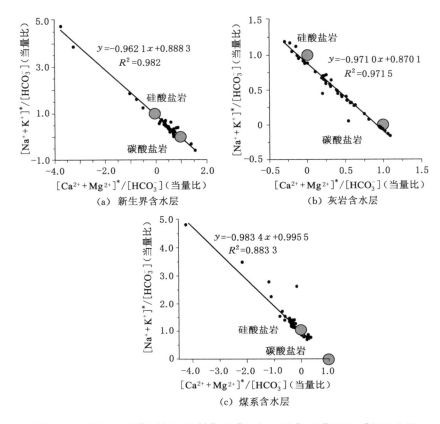

图 5-4　各类含水层 $[Ca^{2+}+Mg^{2+}]^*$ 和 $[Na^++K^+]^*$ 的 $[HCO_3^-]$ 标准化图

（韩贵琳 等,2005）

　　地层水中离子的绝对浓度容易受到各种因素的影响,而不同离子的相对含量比值能够更加灵敏地反映不同端元的化学组成特征(Négrel et al.,1993;Gaillardet et al.,1999),因此常被用来分析水体化学组成的来源。图 5-5 采用了 $[HCO_3^-]$、$[Mg^{2+}]$ 和 $[Ca^{2+}]$ 的 $[Na^+]$ 标准化比值作图,并用对数坐标表示。从图中可以看出,新生界含水层和灰岩含水层的水化学组成基本上都位于硅酸盐岩端元和蒸发岩端元附近。显然,硅酸盐岩和蒸发岩的溶解对这两类地下水化学组成的控制作用更为明显。此外,在图 5-5(a) 和(b)上,两类含水层都有部分数据点位于硅酸盐岩和碳酸盐岩两个端元的连线上,说明碳酸盐岩对地下水的化学组成也有一定的贡献。煤系含水层水化学组成则主要受蒸发岩控制。碳酸盐岩的贡献在 3 类含水层中应该是最少的。

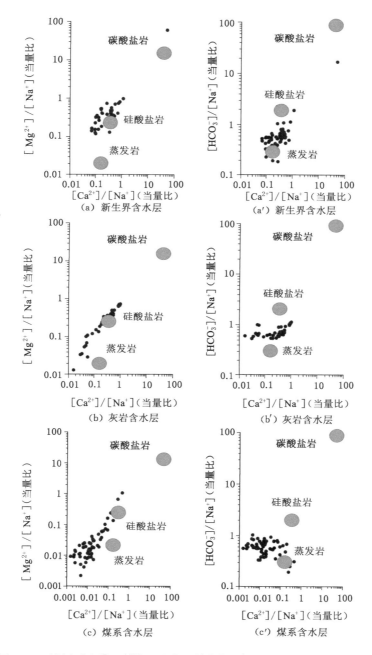

图 5-5　不同含水层[Na$^+$]标准化[Mg$^{2+}$]-[Ca$^{2+}$]和[HCO$_3^-$]-[Ca$^{2+}$]关系图

(Gaillardet et al.,1999)

总体上看,蒸发岩、碳酸盐岩和硅酸盐岩的溶解控制了研究区各类地层水的化学组成。其中,硅酸盐岩和蒸发岩的贡献要远大于碳酸盐岩。并且在煤系含水层中,蒸发岩对水化学组成的贡献占有明显的优势,而碳酸盐岩的贡献似乎非常的有限。在新生界含水层和灰岩含水层中,硅酸盐岩的贡献可能更大。然而,与地表水体相比,地下水处于相对封闭或者半封闭的状态下,其经历的水岩作用过程更为复杂。例如,在吸附性矿物表面发生的离子交换和吸附解吸作用,其发生反应的程度很难进行衡量。因此,3个端元各自对地下水化学组成的贡献率很难通过化学计量的方法进行确定。通过对水化学指标的筛选,建立相应的数学模型及数值计算方法可能会得到较深刻的认识。

### 5.3.3 煤层水中生物成因甲烷的形成

微生物成因甲烷的形成机理和富集成藏过程机制的研究表明(Whiticar,1999),富有机质水体和沉积物体系中,由于产甲烷细菌体内的各种酶抗氧化能力差,对氧分压、硝酸盐等十分敏感,只有在强还原环境下($Eh < 200\ mV$)才能大量繁殖。当 pH 值小于 4.0 或者超过 9.0 时,产甲烷菌的新陈代谢会受到严重的限制(Schlegel et al.,2011)。

研究表明(Rice et al.,1981;Brinck et al.,2008;McIntosh et al.,2008a),硫酸盐还原菌较产甲烷菌对有机质具有明显的竞争优势,能够适应较宽的 pH 值范围:

$$2CH_2O + SO_4^{2-} \longrightarrow H_2S + 2HCO_3^- \qquad (pH < 7) \qquad (5\text{-}2)$$

$$2CH_2O + SO_4^{2-} \longrightarrow H_2O + CO_2 + HCO_3^- + HS^- \qquad (pH > 7) \qquad (5\text{-}3)$$

$$15CH_2O + 2Fe_2O_3 + 8SO_4^{2-} + H_2CO_3 \longrightarrow 4FeS_2 + 16HCO_3^- + 8H_2O$$

$$(5\text{-}4)$$

如果地层水中硫酸盐浓度较高,较强的硫酸盐还原作用会影响产甲烷菌的活性和微生物成因甲烷的形成。一般认为,在 $SO_4^{2-}$ 浓度超过 10 mmol/L 的情况下,产甲烷菌很难具有较强的活性。还有研究者认为(Zinder,1993;Martini et al.,1998),在 $SO_4^{2-}$ 浓度为 200 $\mu$mol/L 的情况下,产甲烷菌的新陈代谢就会受到抑制(Whiticar,1999)。此外,较高的盐度(Cl$^-$ 浓度大于 3 mol/L)也会对产甲烷菌的活性和产甲烷作用产生抑制。

#### 5.3.3.1 大气降水补给的证据

煤层中次生生物气的形成往往与大气降水的混入有关(McIntosh et al.,2002;Gao et al.,2013;Pashin et al.,2014)。图 5-6 反映了研究区煤层气井产出水和各类含水层氢氧同位素组成特征。其中,LMWL 表示不同地区大气降水线,而 LEL 表示当地蒸发线,二者的交点($\delta^{18}$O-H$_2$O:—7.8‰;$\delta$D-H$_2$O:—53.0‰)则反映了当地大气降水中氢氧同位素组成的平均水平。

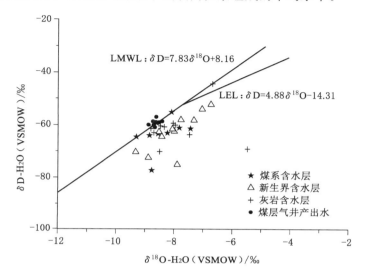

图 5-6    不同含水层 $\delta^{18}$O-H$_2$O-$\delta$D-H$_2$O 关系图

(陈陆望 等,2013a)

从图 5-6 中可以看出,新生界含水层氢氧同位素组成与大气降水线基本平行,反映的是大气降水的直接补给。煤系含水层和灰岩含水层的数据点都位于大气降水线下方,并拟合出一条与大气降水线相交的直线,反映出一定程度上受到大气降水的补给,从而在局部地区形成大气降水和地层水的混合。然而,两类含水层拟合线与大气降水线交点显然要比现今大气降水同位素组成的水平($\delta^{18}$O-H$_2$O:—7.8‰;$\delta$D-H$_2$O:—53.0‰)偏轻,这与补给时寒冷的气候条件有关(Martini et al.,1998;Rice et al.,2008)。已有的研究显示(Stueber et al.,1994;Weaver et al.,1995),地层水中受到地质历史冰期古大气降水补给在许多含煤沉积盆地是存在的。

在煤系含水层和煤层气井产出水中,随着 Cl$^-$ 浓度的降低,$\delta^{18}$O-H$_2$O 逐渐变轻(图 5-7)。这也能够说明地层水很有可能受到大气降水的混入(Martini et al.,1998;McIntosh et al.,2008a)。而前期构造演化研究也表明,该研究区在煤层形成之后,曾经历过较强烈的构造抬升,为大气降水的注入提供了有利条件(武昱东 等,2009;Wu et al.,2011)。

较高的矿化度水平不利于微生物成因甲烷的形成,但是与加拿大 Alberta

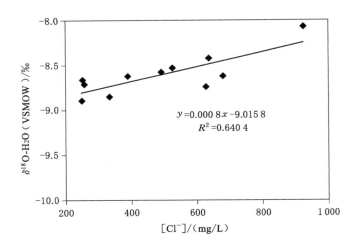

图 5-7　煤系含水层［Cl⁻］-δ¹⁸O-H₂O 关系图（数据依据表 5-2）

气田在矿化度高达 74 500 mg/L 的情况下仍能发现微生物成因气的存在相比（Cheung et al.，2010），本研究区最高 6 028 mg/L 的矿化度水平显然低得多。而且，在图 5-6 中，部分煤层气井产出水样品的数据位于大气降水线上方，也可能是微生物成因甲烷形成过程中造成了较大的氢同位素分馏（Rice et al.，2008）。由此可以看出，宿州矿区煤系含水层具备了产甲烷菌等微生物注入和微生物成因甲烷形成的基本条件。

##### 5.3.3.2　硫酸盐浓度及其同位素证据

宿州矿区煤系地层水 pH 值均处在产甲烷菌适宜生存的区间。大部分煤层气井产出水样品的 $SO_4^{2-}$ 浓度都低于 10.0 mmol/L。甚至有超过一半的样品的 $SO_4^{2-}$ 浓度低于 2.0 mmol/L。与此相对应，Cl⁻ 的浓度远远低于 3.0 mol/L（实际浓度普遍小于 20.0 mmol/L），也不会对产甲烷菌的新陈代谢产生明显的制约（McIntosh et al.，2002，2008b）。

基于水岩交换反应过程的讨论分析，煤系地层水的化学组成受到硅酸盐岩和蒸发岩的控制，而硫酸盐的来源则可能是石膏、芒硝类蒸发岩的溶解或者硫化物的氧化。从图 5-8 可以看出，随着 Cl⁻ 浓度的增加，$SO_4^{2-}$ 浓度反而降低，说明可能与溶有卤化物类蒸发岩类的封闭性古水体的混合作用有关。根据图 5-9，研究区 $SO_4^{2-}$ 硫氧同位素组成特征没有表现出硫化物氧化形成 $SO_4^{2-}$ 的信息。因此，石膏、芒硝等岩类溶解应该是本区煤系地层水中 $SO_4^{2-}$ 的主要来源。

需要指出的是，煤层气井产出水中具有较低的硫酸盐浓度和相对偏轻的硫

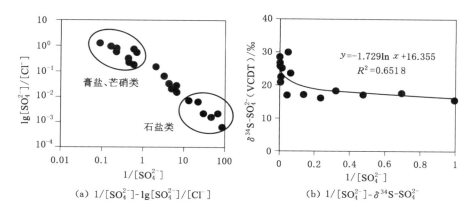

(a) $1/[SO_4^{2-}]$-$lg[SO_4^{2-}]/[Cl^-]$　　(b) $1/[SO_4^{2-}]$-$\delta^{34}S$-$SO_4^{2-}$

图 5-8　煤系含水层和煤层气井产出水 $1/[SO_4^{2-}]$-$lg[SO_4^{2-}]/[Cl^-]$ 和

$1/[SO_4^{2-}]$-$\delta^{34}S$-$SO_4^{2-}$ 图

同位素组成(图 5-8),说明在 $SO_4^{2-}$ 浓度较低的水体(<1 mmol/L)中,硫酸盐菌的新陈代谢受到极大限制。这种情况利于产甲烷菌的大量繁殖和微生物成因甲烷的生成(Van Voast,2003;Warwick et al.,2008)。相反,在 $SO_4^{2-}$ 硫同位素组成偏重、硫酸盐还原作用强烈的地方,由于硫酸盐还原细菌对基质具有竞争优势,会限制微生物成因甲烷的生成。

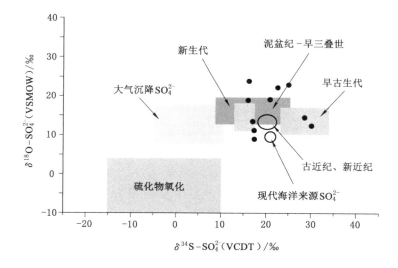

图 5-9　硫酸盐来源的 $\delta^{34}S$-$SO_4^{2-}$-$\delta^{18}O$-$SO_4^{2-}$ 鉴别图(Cheung et al.,2010)

### 5.3.3.3 溶解无机碳浓度及其碳同位素证据

基于前文的讨论,煤系地层水中碳酸盐岩的溶解对水化学组成的贡献很小,因此,煤有机质热演化过程中形成的 $CO_2$、微生物对有机质的降解和有机质矿化形成的 $CO_2$ 的溶解似乎是水体中较高 DIC 含量的主要原因。由于有机质矿化产生的分馏很小,因此,形成的 $CO_2$ 气体应该与煤有机质具有相近的同位素组成(−23.5‰～−25.5‰)。考虑到 $CO_2$ 气体溶解过程中的分馏效应在地温15 ℃时约为 8‰(McIntosh et al.,2002),那么,煤系地层水中 DIC 碳同位素组成应该在−15‰左右。需要指出的是,在产甲烷菌等微生物作用下形成 $CH_4$ 的过程中会产生很大的碳同位素分馏。这一过程中,DIC 碳同位素组成会逐渐偏重。

可以发现,宿州矿区煤系含水层中 DIC 的碳同位素组成明显地分为−13.9‰～−8.0‰和＋15.4‰～＋26.2‰两组(表 5-1 和表 5-2)。更有趣的是,两组数据与 $HCO_3^-$ 浓度呈现截然相反的相关关系(图 5-10)。偏轻的一组,DIC 的碳同位素组成随着 $HCO_3^-$ 浓度的增加逐渐降低,有机质矿化或者热演化过程中形成的 $CO_2$ 气体的溶解很有可能是 DIC 的主要来源,而非碳酸盐岩类的溶解造成的。偏重的一组,DIC 碳同位素组成和 DIC 浓度呈现非常显著的正相关关系,并且与煤有机质的碳同位素组成有较大的分馏,这很有可能是由于微生物产甲烷过程造成的(Kinnon et al.,2010)。

DIC 的这一特征显然与煤系地层水中微生物介导的硫酸盐还原作用和产甲烷作用的耦合竞争关系有关。由于硫酸盐还原菌较产甲烷菌对基质具有竞争优势,在硫酸盐还原作用强烈的地点具有较轻的 DIC 碳同位素组成,而在低硫酸盐浓度的区域,硫酸盐还原作用受到限制,产甲烷菌活性开始增强。由于微生物成因甲烷大量生成的过程中会在 $CH_4$ 和 DIC 之间产生较大程度的碳同位素分馏,溶解无机碳的碳同位素组成也因此变得偏重(表 5-1 和表 5-2)。

### 5.3.3.4 水溶甲烷浓度、溶解有机碳浓度及其碳同位素证据

从表 5-2 可以看出,煤层水中溶解有机碳(DOC)与煤有机质碳的同位素组成十分接近,DOC 与 DIC 碳同位素没有明显的相关关系。水体中总有机碳(TOC)的浓度与 $HCO_3^-$ 的浓度也没有明显的相关关系。并且,与煤有机质演化过程中生成 $CO_2$ 的量相比,水体中 TOC 浓度仅为 1.0 mg/L 左右。因此,水体中较高的 DIC 浓度不太可能是由于微生物对 TOC 降解生成的 $CO_2$ 溶解造成的。

与此相反,地层水中溶解 $CH_4$ 的浓度与 DIC 碳同位素有一定的内在联系

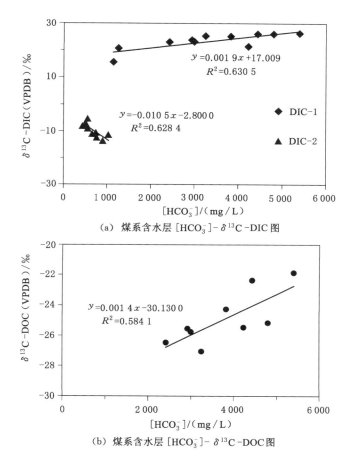

（a）煤系含水层［HCO$_3^-$］-$\delta^{13}$C-DIC 图

（b）煤系含水层［HCO$_3^-$］-$\delta^{13}$C-DOC 图

图 5-10　煤系含水层［HCO$_3^-$］-$\delta^{13}$C-DIC 和［HCO$_3^-$］-$\delta^{13}$C-DOC 图

（表 5-1）。DIC 碳同位素组成偏重的样品往往具有较高的水溶 CH$_4$ 浓度。这说明产甲烷过程导致了地层水中溶解 CH$_4$ 的浓度增加和 DIC 碳同位素组成逐渐变重。这也是宿州矿区生物成因 CH$_4$ 形成最为直接和最有力的证据。也就是说，生物成因 CH$_4$ 似乎是产甲烷菌直接利用 CO$_2$ 合成的，而不是通过降解溶解在水体中的有机质生成的。这一推论与之前的研究相吻合（佟莉 等，2013），即 CO$_2$ 还原产气应该是宿州矿区微生物成因甲烷形成的主要途径。

### 5.3.4　地层水对煤层气赋存的控制作用

已有研究表明（McIntosh et al.，2002；Healy et al.，2011；Shuai et al.，2013；Pashin et al.，2014），地层水与次生生物气的形成具有一定的内在联系。产甲烷

菌等微生物的新陈代谢活动会导致地层水化学组成和同位素方面的变化，从而能够为生物成因 $CH_4$ 的形成过程和形成机理等提供有用的信息。另外，含煤地层的水文地质条件对煤层气的保存和排采也具有重要影响（朱志敏 等，2006；王勃 等，2007）。例如，地表水入渗产生的封堵效应有利于煤层气的保存和富集。

通过前文分析可以发现，淮北煤田宿州矿区煤层水的化学演化过程具备了生物成因 $CH_4$ 形成的各种条件，并且保留了生物成因气形成的各种直接和间接的证据。问题在于，如果生物成因 $CH_4$ 仅仅在煤系地层水中形成，显然含水层本身不具备生物成因 $CH_4$ 形成所需的大量物质基础，这样的富集模式很难形成大范围的生物成因煤层气富集区。因此，另一种富集模式显得更为合理：伴随着古大气降水的注入，一方面为次生生物成因煤层气富集区的形成提供了一个有利的封闭环境；另一方面，产甲烷菌等微生物沿着构造裂隙带迁移进入煤层裂隙结构，并在煤层中合适的区块大量繁殖并生成甲烷，进而形成具有一定规模的次生生物气富集区。

根据 Strąpoć 等（2008）在 Illinois 盆地的研究，产甲烷菌的平均直径为 0.4 $\mu m$，而研究区煤层内裂隙十分发育，并且主要是宽度 $D > 5$ $\mu m$、长度 $L < 300$ $\mu m$ 的裂隙（卫明明，2014）。可见，微生物在含煤地层的迁移是具备客观条件的。如果这样一种煤层气生成和富集的模式成立，那么研究区煤层气的富集区将很有可能是在残留热成因煤层气的基础上，形成生物成因和热成因混合气的富集区，其规模取决于微生物的迁移能力和残留热成因气的数量。在煤层埋藏较深的部位、含煤地层与地下水接触地带等局部地区可能分别有热成因气和生物成因气的富集区。

## 5.4 土城向斜煤层水水化学演化及其对煤层气成因成藏的约束

### 5.4.1 水质类型及溶质来源

Van Voast（2003）指出，中国煤层水水质类型主要为 Na-$HCO_3$/Na-$HCO_3$-Cl 型、Na-$SO_4$-Cl/Na-$SO_4$ 型，Na-Cl 型也有分布。根据表 5-6，土城向斜煤层气伴生水中 $Cl^-$ 和 $Na^+$ 是最主要的阴、阳离子（图 5-11）。$Cl^-$ 和 $Na^+$ 的总和约占 TDS 的 93%。因此，土城向斜煤层水的主要水质类型为 Na-Cl 型。

端元组成分析是识别地层水中溶质来源的有效方法。$HCO_3^-$、$Mg^{2+}$ 和 $Ca^{2+}$ 与 $Na^+$ 的当量比可以有效地将地层水的溶质来源分为 3 个区域：蒸发岩、硅酸盐岩和碳酸盐岩 [图 5-12（a）、（b）]，地层水的离子组成主要受最近的端元

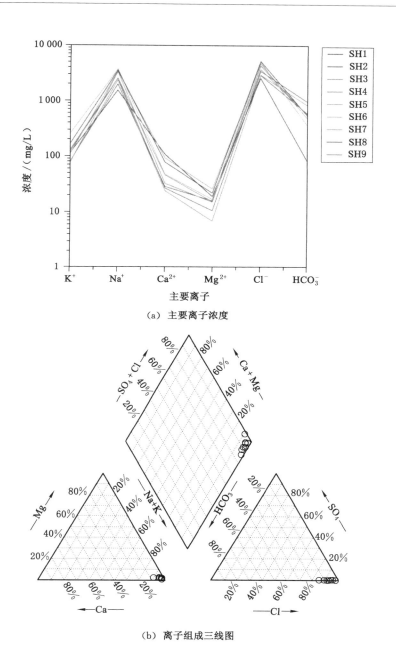

（a）主要离子浓度

（b）离子组成三线图

图 5-11　土城向斜煤层气伴生水水化学组成

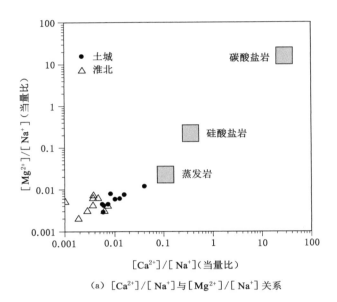

(a) [Ca²⁺]/[Na⁺]与[Mg²⁺]/[Na⁺]关系

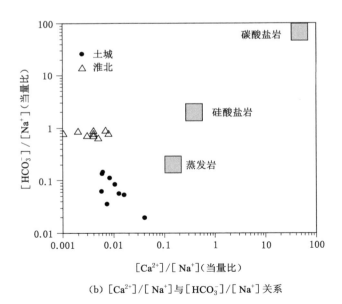

(b) [Ca²⁺]/[Na⁺]与[HCO₃⁻]/[Na⁺]关系

图 5-12　煤层气伴生水溶质来源识别图(根据 Gaillardet et al.,1999;Xu et al.,2010 修改)

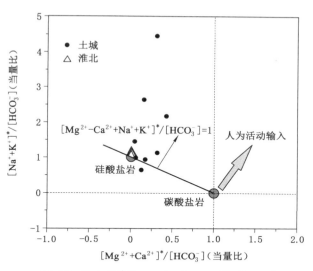

（c）$[Mg^{2+}+Ca^{2+}]^*/[HCO_3^-]$ 与 $[Na^++K^+]^*/[HCO_3^-]$ 关系

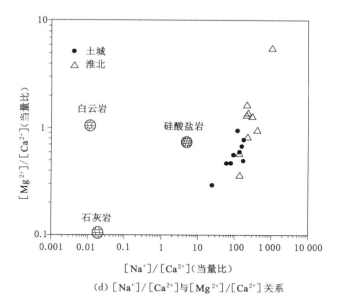

（d）$[Na^+]/[Ca^{2+}]$ 与 $[Mg^{2+}]/[Ca^{2+}]$ 关系

图 5-12　（续）

组的控制。根据 Li 等(2016)的研究,淮北煤田煤层水受蒸发岩和硅酸盐岩的控制。对土城向斜煤层气伴生水的分析表明,数据点分布在蒸发岩周围,表明溶质来源于蒸发岩的溶解。

地层水中$[Na^+ + K^+]^* / [HCO_3^-]$与$[Mg^{2+} + Ca^{2+}]^* / [HCO_3^-]$的变化可以揭示碳酸盐岩和硅酸盐岩风化的贡献。碳酸盐岩端元以具有较高的$[Mg^{2+} + Ca^{2+}]^* / [HCO_3^-]$和较低的$[Na^+ + K^+]^* / [HCO_3^-]$为特征,而硅酸盐岩端元则具有较高的$[Na^+ + K^+]^* / [HCO_3^-]$和较低的$[Mg^{2+} + Ca^{2+}]^* / [HCO_3^-]$[图 5-12(c);Gaillardet et al.,1999]。土城向斜煤层水中的离子比主要分布在硅酸盐岩端元附近,表明煤层水的化学组成受到了硅酸盐岩溶解作用控制。同时,根据$[Mg^{2+}]/[Ca^{2+}]$和$[Na^+]/[Ca^{2+}]$当量比的变化特征,水化学成分的来源可分为 3 个端元组[图 5-12(d)]:石灰岩端元具有较低的$[Mg^{2+}]/[Ca^{2+}]$当量比(0.03)和$[Na^+]/[Ca^{2+}]$当量比(0.005);白云岩端元具有较高的$[Mg^{2+}]/[Ca^{2+}]$当量比(1.00)和较低的$[Na^+]/[Ca^{2+}]$当量比(0.01;Gaillardet et al.,1999)。土城向斜煤层水的相关离子比主要分布在硅酸盐岩区域,也表明地层水的化学成分受硅酸盐岩溶解控制。综上所述,土城向斜煤系水的溶质主要来自蒸发岩和硅酸盐岩的溶解。此外,根据 Wu 等(2018)的研究,土城向斜煤层水的氢、氧同位素组成均高于 LMWL(当地大气降水线),表明煤层水受到了大气降水补给。这与前文对 $CH_4$ 和 $N_2$ 浓度线性关系分析得出的结论是一致的。

### 5.4.2 水岩交换反应过程分析

土城向斜煤层气井产出水的钠氯系数($\gamma_{Na^+} / \gamma_{Cl^-}$)平均值约为 1.09(表 5-7),表明 $Na^+$ 过剩。根据 Magesh 等(2020)的研究,地层水的 $\gamma_{Na^+} / \gamma_{Cl^-}$ 超过 1.00 表明水体经历了强烈的硅酸盐岩风化。其中,$Na^+$ 主要来自硅酸盐岩溶解(长石)和蒸发岩溶解。$Na^+$ 过量也间接表明地层水中存在离子交换过程(Zhang et al.,2018)。氯碱指数(CAI)可以指示钠离子的交换过程(Magesh et al.,2020)。正的 $CAI_1$[公式(5-5)]和 $CAI_2$ 指数[公式(5-6)]揭示了公式(5-7)的正向反应,而小于 0 则表示其逆向反应过程的发生。土城向斜煤层气井产出水 $CAI_1$ 和 $CAI_2$ 的计算结果显示,平均值分别为 $-0.12$ 和 $-1.15$,表明水体中的 $Ca^{2+}$ 和 $Mg^{2+}$ 与围岩中的 $Na^+$ 发生了交换。

$$CAI_1 = [Cl^-] - [Na^+ + K^+]/[Cl^-] \tag{5-5}$$

$$CAI_2 = [Cl^-] - [Na^+ + K^+]/[HCO_3^- + SO_4^{2-} + CO_3^{2-} + NO_3^-] \tag{5-6}$$

$$(Ca^{2+} + Mg^{2+})(围岩) + 2Na^+(水) === (Ca^{2+} + Mg^{2+})(水) + 2Na^+(围岩) \tag{5-7}$$

表 5-7　根据表 5-6 计算的相关离子当量比

| 样品编号 | $[Na^+ + K^+]^*$ $/[HCO_3^-]$ | $[Ca^{2+} + Mg^{2+}]^*$ $/[HCO_3^-]$ | $\gamma_{Na^+}$ $/\gamma_{Cl^-}$ | $[Ca^{2+} + Mg^{2+}]$ $/[HCO_3^-]$ | $\gamma_{SO_4^{2-}}/\gamma_{(SO_4^{2-}+Cl^-)}$ | $CAI_1$ | $CAI_2$ |
|---|---|---|---|---|---|---|---|
| SH1 | $-2.68$ | 2.64 | 0.91 | 2.69 | 0.001% | 0.05 | 2.56 |
| SH2 | 0.64 | 0.13 | 1.05 | 0.14 | 0.001% | $-0.08$ | $-0.61$ |
| SH3 | 0.98 | 0.06 | 1.13 | 0.07 | 0.002% | $-0.16$ | $-0.94$ |
| SH4 | 1.45 | 0.05 | 1.21 | 0.07 | 0.002% | $-0.24$ | $-1.39$ |
| SH5 | 0.92 | 0.18 | 1.05 | 0.19 | 0.001% | $-0.08$ | $-0.91$ |
| SH6 | 2.17 | 0.43 | 1.11 | 0.44 | 0.001% | $-0.13$ | $-2.15$ |
| SH7 | 4.45 | 0.31 | 1.14 | 0.33 | 0.001% | $-0.18$ | $-4.26$ |
| SH8 | 1.13 | 0.32 | 1.04 | 0.33 | 0.001% | $-0.07$ | $-1.12$ |
| SH9 | 2.63 | 0.16 | 1.18 | 0.16 | 0.001% | $-0.19$ | $-2.46$ |
| 平均值 | 1.30 | 0.48 | 1.09 | 0.49 | 0.001% | $-0.12$ | $-1.15$ |

注：$[Na^+ + K^+]^* = [Na^+ + K^+] - [Cl^-]$；$[Ca^{2+} + Mg^{2+}]^* = [Ca^{2+} + Mg^{2+}] - [SO_4^{2-}]$。

土城向斜煤层气井产出水中 $[Ca^{2+} + Mg^{2+}]^*/[HCO_3^-]$ 的平均值约为 0.48（表 5-7），表明 $HCO_3^-$ 过剩。$HCO_3^-$ 的主要来源是碳酸盐岩溶解、大气输入和有机物降解。根据表 5-8，碳酸盐岩（文石、方解石、白云石）的饱和度指数（SI）几乎都超过 0，表明碳酸盐岩过饱和，几乎没有溶解。结合端元组成分析，可以排除碳酸盐岩溶解产生 $HCO_3^-$ 的可能性。前文指出，土城向斜煤层水受到了大气降水的补给。考虑到研究区地层封闭性较好，大气降水的渗入不可能是其主要来源。事实上，根据前文对土城向斜煤层气中 $CO_2$ 来源的分析，其是一种有机来源，主要是通过煤有机质的热降解产生。因此，有机物热降解产生的 $CO_2$ 可能是地层水中 $HCO_3^-$ 的重要来源。

需要指出的是，微生物降解煤有机质的过程中同样会产生 $CO_2$，通常这一过程与硫酸盐还原和产甲烷作用等微生物过程有关。根据表 5-8 中的饱和度指数计算结果，土城向斜煤层气井产出水处于硫酸盐矿物的欠饱和状态。然而，煤层气井产出水中的 $SO_4^{2-}$ 浓度非常低（0.001 mmol/L），远低于 $Ca^{2+}$、$Mg^{2+}$、$Ba^{2+}$ 的浓度（1.34 mmol/L；0.69 mmol/L；0.08 mmol/L）。当水体的脱硫系数（$\gamma_{SO_4^{2-}}/\gamma_{(SO_4^{2-}+Cl^-)}$）接近 0 时，微生物介导的硫酸盐还原过程大量消耗 $SO_4^{2-}$，并产生大量 $HCO_3^-$[公式（5-8）；Brinck et al.，2008]。当硫酸盐还原反应接近完成时，水化学条件将有利于微生物产甲烷过程的进行。

$$SO_4^{2-} + 2C + 2H_2O \Longrightarrow 2HCO_3^- + H_2S \tag{5-8}$$

表 5-8　矿物饱和度指数

| 样品编号 | 无水石膏 | 石膏 | 文石 | 重晶石 | 碳酸钡 | 方解石 | 白云石 | 萤石 | 针铁矿 | 辉绿石 | 赤铁矿 | 黄铁矿 | 菱角矿 |
|---|---|---|---|---|---|---|---|---|---|---|---|---|---|
| SH1 | -5.3 | -5.1 | -0.9 | -1.2 | -2.2 | -0.8 | -2.0 | -0.9 | 2.8 | -4.1 | 7.6 | -23.7 | -0.1 |
| SH2 | -5.7 | -5.4 | -0.1 | -1.0 | -1.0 | 0 | 0 | -2.3 | 1.5 | -3.9 | 4.9 | -20.2 | -0.6 |
| SH3 | -5.6 | -5.3 | 0 | -0.7 | -0.7 | 0.1 | 0 | -2.2 | 1.4 | -3.8 | 4.8 | -20.8 | -0.5 |
| SH4 | -5.6 | -5.3 | 0.2 | -1.0 | -0.6 | 0.4 | 0.5 | -1.6 | 6.0 | -3.9 | 14.0 | -75.0 | -0.2 |
| SH5 | -5.5 | -5.3 | 0.6 | -0.9 | -0.4 | 0.7 | 1.2 | -1.7 | 6.4 | -3.7 | 14.8 | -71.0 | 0.1 |
| SH6 | -5.5 | -5.3 | 0.8 | -1.3 | -0.3 | 1.0 | 1.8 | -1.8 | 7.3 | -3.5 | 16.6 | -68.8 | 0.9 |
| SH7 | -5.8 | -5.5 | 0.4 | -1.1 | -0.4 | 0.5 | 0.9 | -1.7 | 6.8 | -3.5 | 15.5 | -73.2 | 0.1 |
| SH8 | -5.4 | -5.1 | 0.7 | -0.7 | -0.2 | 0.8 | 1.3 | -1.7 | 4.3 | -3.4 | 10.5 | -42.7 | 0 |
| SH9 | -6.0 | -5.7 | 0.6 | -1.1 | -0.1 | 0.7 | 1.3 | -2.0 | 4.3 | -3.6 | 10.6 | -40.9 | 0.2 |

注：饱和度指数大于 0，表示过饱和；饱和度指数小于 0，表示未饱和。

### 5.4.3　水化学特征对产甲烷过程的响应

前人的研究结果表明,pH 值、离子浓度、$\delta^{13}$C-DIC 值、氢氧同位素组成、水动力条件等水文地球化学信息与含煤地层中 $CH_4$ 的形成和富集成藏有密切联系(McIntosh et al.,2004;Brinck et al.,2008;Kinnon et al.,2010;Schlegel et al.,2011;Golding et al.,2013;Pashin et al.,2014)。郭泽清等(2006)指出,生物成因煤层气的生成条件是非常特殊的。地层水中富含溶解有机质、还原环境、中性水介质条件(pH 为 6.8~7.8)和较快的沉积速度(>0.05 mm/a)等水化学条件对生物成因甲烷的生成是有利的。产甲烷菌是一种严格的厌氧菌。因此,必须要在还原的环境条件下,它才能生存并产生 $CH_4$。对表 5-6 中数据进行分析,土城向斜煤层水的氧化还原电位(Eh)值普遍较低,平均值为 $-40$ mV(<200 mV)、溶解氧(DO)含量不超过 4.00 mg/L、pH 值分布范围为 7.1~8.5,表明水体长期处于厌氧状态,还原性较强。这利于产甲烷菌的活动和微生物成因 $CH_4$ 的生成(Schlegel et al.,2011)。

地层水中离子浓度的变化特征也能为煤层气的来源提供重要的信息。McIntosh 等(2004)指出,当硫酸盐浓度降至 10 mmol/L 以下时,会有利于微生物成因 $CH_4$ 的生成。该过程的作用会显著改变地层水的水化学组成,通常表现为较高的 $HCO_3^-$ 浓度(10~70 mmol/L)、较低的 Ca/Mg 摩尔比(<1.5)和少量的白云石沉淀。根据表 5-6,土城向斜煤层气产出水中 $HCO_3^-$ 浓度范围为1.3~15.6 mmol/L,Ca/Mg 的摩尔比分布范围为 1.07~3.40,部分数据低于 1.5,与 McIntosh 等(2004)提出的特征值略有不同。这可能是因为生物气富集的规模和水-岩相互作用的程度造成的差异。可以肯定的是,这些水化学信息充分表明了煤层水中存在微生物活动,也有一定规模的生物成因 $CH_4$ 的生成。

煤层气产出水的水质类型与煤层气来源存在一定的内在联系。本书总结了世界各地不同煤田中水质类型与煤层气来源之间的关系(表 5-9)。可以发现,在 Na-Cl 型地层水中,热成因气的含量超过了生物成因气(Uinta、Alberta 盆地);而在 Na-HCO$_3$ 和 Na-HCO$_3$-Cl 型地层水中,生物成因气含量超过了热成因气(Powder River、Bowen、淮北盆地)。这表明,较高 $Na^+$ 和 $Cl^-$ 浓度的地层水往往与热成因气有关。土城向斜煤层气主要是热成因气,这与我们的推测相吻合。

表 5-9　世界上不同含煤盆地水质类型与煤层气来源的关系

| 国家 | 盆地 | 区块 | 水质类型 | 煤层气成因 | 参考文献 |
|---|---|---|---|---|---|
| 美国 | Powder River | Fort Union | Na-HCO$_3$ | $B/T>1$ | Flores 等,2008;<br>Meng 等,2014 |
| 美国 | Uinta | / | Na-Cl | $B/T<1$ | Zhang 等,2009 |
| 加拿大 | Alberta | Mannville | Na-Cl | $B/T<1$ | Cheung 等,2010 |
| 澳大利亚 | Bowen | / | Na-HCO$_3$-Cl | $B/T>1$ | Kinnon 等,2010 |
| 中国 | 淮北 | 宿州 | Na-HCO$_3$,<br>Na-HCO$_3$-Cl | $B/T>1$ | Li 等,2015,2016 |
| 中国 | 沁水 | 晋城 | Na-HCO$_3$ | $B/T<1$ | Meng 等,2014 |
| 中国 | 鄂尔多斯 | 大宁-吉县 | Na-SO$_4$-Cl | $B/T<1$ | Li 等,2014;<br>Meng 等,2014 |

注:$B$ 代表生物成因气含量;$T$ 代表热成因气含量。

　　根据 Wu 等(2018)的研究结果,土城向斜煤层气产出水氢氧同位素组成都偏重。产甲烷作用会改变地层水中氢氧同位素的组成,产甲烷菌优先消耗水分子衍生的 H,导致地层水中 D 富集[公式(5-9);Whiticar,1999];低温条件下的水-岩互动作用,如煤夹层中碳酸盐岩和黏土的沉淀,会导致地下水中 $^{18}$O 的亏损和 D 的富集(Kloppmann et al.,2002);在还原条件下,地层水和煤有机质之间的 H 同位素交换反应会导致残余水中富集 D[公式(5-10);Zhang et al.,2018]。本研究认为,土城向斜煤层水 D 漂移是由水-岩相互作用和产甲烷的综合作用引起的。

$$HDS + H_2O \Longrightarrow H_2S + HDO \qquad (5\text{-}9)$$

$$H_2O + D_{coal} \Longrightarrow HDO + H_{coal} \qquad (5\text{-}10)$$

　　反映生物成因气形成的最有效证据是 DIC。偏重的 $\delta^{13}$C-DIC 值通常出现在产甲烷过程异常活跃的富含有机质的煤系地层水中(如煤和页岩)(Golding et al.,2013)。Aravena 等(2003)和 Straṕoć等(2007)指出,当水体中的 $\delta^{13}$C-DIC 值分布范围为 $-20$‰～$+6.5$‰时,产甲烷作用便会发生。此外,根据杨兆彪等(2020)研究结果,当 $\delta^{13}$C-DIC 值为 0～$+10$‰时,需要考虑微生物还原作用的潜在影响。鉴于土城向斜煤层气产出水 $\delta^{13}$C-DIC 值为 $+0.4$‰～$+21.3$‰,平均值为 $+8.7$‰,生物成因 CH$_4$ 的存在是毋庸置疑的。

　　如前所述,土城向斜煤层水中的 DIC 有很大一部分来自热降解过程中产生的 CO$_2$ 的溶解。因此,分析煤层气中的 CO$_2$ 和煤层水中的 DIC 之间的碳同位素分馏可以证明是否有生物成因气的生成。Martini 等(1998)指出,在以碳酸钙溶解沉淀平衡为主控过程的纯碳酸盐体系内,二者之间的碳同位素平衡分馏

$(\alpha_{DIC\text{-}CO_2})$ 可由下式描述：

$$1\,000\ln\alpha_{DIC\text{-}CO_2}=\delta^{13}C\text{-}DIC-\delta^{13}C\text{-}CO_2=9.552\times1\,000/T-24.09 \quad (5\text{-}11)$$

将 $\delta^{13}C\text{-}CO_2$ 值（$-13.4‰\sim-9.3‰$；表 4-4）和水温参数（$T=15+273$, K）代入公式（5-11），计算得出 $\delta^{13}C\text{-}DIC$ 的理论值为 $-4.9‰\sim-1.1‰$。然而，煤层水样品实测 $\delta^{13}C\text{-}DIC$ 范围为 $+0.4‰\sim+21.3‰$，比理论值偏重得多。这表明 $\delta^{13}C\text{-}CO_2$ 和 $\delta^{13}C\text{-}DIC$ 之间存在显著的同位素非平衡分馏，这可能是微生物作用造成的（Martini et al.，1998）。

Cheung 等（2010）通过 DIC 与 $CH_4$ 之间的同位素分馏程度来识别 $CH_4$ 的成因和形成途径。$CO_2$ 还原气体的 DIC 与 $CH_4$ 之间的碳同位素分馏系数（$\alpha_{DIC\text{-}CH_4}$）低于 0.935，而醋酸发酵气体的 $\alpha_{DIC\text{-}CH_4}$ 高于 0.950。显然，淮北煤田的数据点分散在 $CO_2$ 还原区域内，而土城向斜的数据点分布在 $CO_2$ 还原和醋酸发酵之间。这表明，土城向斜的煤层气可能是多种成因的混合。其中，有两个数据点分布在 $CO_2$ 还原区域内。这似乎说明土城向斜存在 $CO_2$ 还原成因的 $CH_4$，这与前文的结论相互印证。

Zhang 等（2009）利用 $\delta D\text{-}CH_4$ 和 $\delta D\text{-}H_2O$ 之间的 D 同位素分馏特征对美国 Uinta 盆地的煤层气成因进行了研究。在图 5-13(b)中，两条虚线之间为 $CO_2$ 还原气的特征区间。土城向斜的两个数据点位于 $CO_2$ 还原区域。这与图 5-13(a)所示结果一致，表明研究区确实有 $CO_2$ 还原气的生成。实际上，产甲烷菌的种属类型不同，它们的产甲烷过程机制也不同。例如，*Methanobacterium* 属于氢营养型产甲烷菌，其成藏途径为将 $CO_2$ 还原为 $CH_4$；*Methanothrix* 属于乙酸型产甲烷菌，其成藏途径是通过乙酸厌氧代谢生成 $CH_4$ 和 $CO_2$；而 *Methanosarcina* 属于混合型产甲烷菌（氢和乙酸营养型）。杨兆彪等（2020）和 Guo 等（2012）通过 16S rDNA 扩增测序技术对土城向斜煤层气伴生水中的微生物结构进行了研究，发现其主要产甲烷菌株为 *Methanobacterium*，该菌株为氢营养性，这一发现证实了土城向斜次生生物气的生成途径为 $CO_2$ 还原。

### 5.4.4　煤层水中生物成因 $CH_4$ 规模估算

根据碳同位素守恒定律[公式（5-12）和公式（5-13）]和 DIC 与 $CO_2$ 之间的碳同位素分馏方程[公式（5-11）]，我们估算了土城向斜煤层水中生物成因 $CH_4$ 的比例。

$$A\times\delta^{13}C\text{-}DIC^a+\delta^{13}C_1\times B=\delta^{13}C\text{-}DIC^b \quad (5\text{-}12)$$

$$A+B=1 \quad (5\text{-}13)$$

$$T=t+273 \quad (5\text{-}14)$$

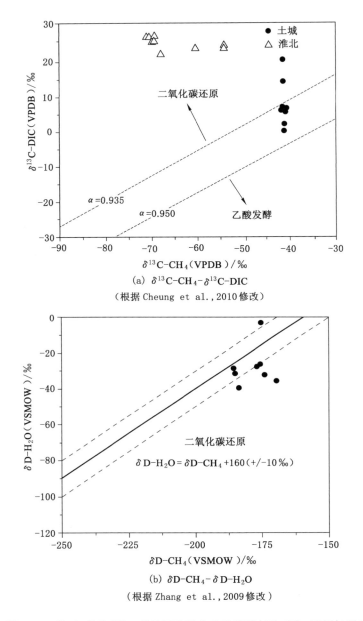

(a) $\delta^{13}C\text{-}CH_4\text{-}\delta^{13}C\text{-}DIC$

（根据 Cheung et al.，2010修改）

(b) $\delta D\text{-}CH_4\text{-}\delta D\text{-}H_2O$

（根据 Zhang et al.，2009修改）

图 5-13　基于 $\delta^{13}C\text{-}CH_4\text{-}\delta^{13}C\text{-}DIC$ 区分乙酸发酵气和 $CO_2$ 还原气以及
基于 $\delta D\text{-}CH_4\text{-}\delta D\text{-}H_2O$ 识别 $CO_2$ 还原气

$$A/B = [DIC]^a / [CH_4] \qquad (5-15)$$

式中:$A$ 是现阶段煤层水中 DIC 占初始时刻 DIC 的百分比;$B$ 是转化为生物甲烷的 DIC 的比例;$[CH_4]$ 是每升煤层水中产生的生物甲烷量;$[DIC]^a$ 是 DIC 的实测浓度;$\delta^{13}C\text{-}DIC^a$ 为实测 DIC 碳同位素组成(+0.4‰~+21.3‰,表 5-6);$\delta^{13}C\text{-}DIC^b$ 为理论计算值[−4.9‰~−1.1‰,表 5-10;由公式(5-11)计算获得];$\delta^{13}C_1$ 表示生物成因 $CH_4$ 的同位素组成,本研究对其取值−70‰(Tao et al.,2007)。

计算结果表明,$A$ 的比例为 75.5%~95.1%,$B$ 的比例为 4.9%~24.5%(表 5-10)。根据公式(5-12),煤层水中生成的 $CH_4$ 摩尔浓度为 0.07~4.39 mmol/L。也就是说,每吨煤层水的生物成因 $CH_4$ 的产量为 0.002~0.104 m³,平均值为0.039 m³(表 5-10)。该模型为评估次生生物气资源量提供了一种十分有效的方法。基于该模型,淮北煤田煤层水中生物成因 $CH_4$ 的产量可达到 0.30~0.35 m³/t。

为了更好地阐述次生生物气形成过程,我们分析了土城向斜浅层地下水的演化过程(图 5-14)。土城向斜浅层地下水主要经历了 4 个演化阶段。首先是蒸发岩及硅酸盐岩的溶解。在这个阶段,大量的蒸发岩及硅酸盐岩矿物的溶解使

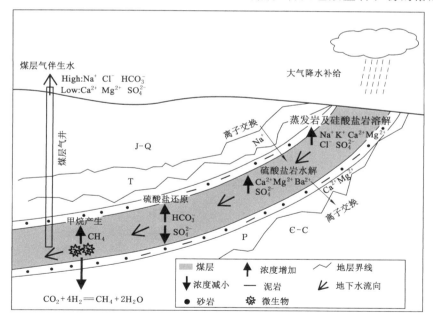

图 5-14　土城向斜浅层地下水演化过程(根据 Brinck et al.,2008 修改)

注:∈:寒武系;C:石炭系;P:二叠系;T:三叠系;J:侏罗系;Q:第四系。

表 5-10 土城向斜生物成因煤层气产量估算

| 样品编号 | 温度/℃ | $\delta^{13}C\text{-}CO_2$/(VPDB)/‰ | $[DIC]^a$/(mmol/L) | $\delta^{13}C\text{-}DIC^a$/‰ | $\delta^{13}C\text{-}DIC^b$/‰ | A/% | B/% | $[CH_4]$/(mmol/L) | C/(m³/t) |
|---|---|---|---|---|---|---|---|---|---|
| SH1 | 18.7 | −11.7 | 1.30 | 0.4 | −3.0 | 95.1 | 4.9 | 0.07 | 0.002 |
| SH2 | 13.0 | −12.0 | 9.59 | 7.0 | −2.7 | 87.4 | 12.6 | 1.38 | 0.032 |
| SH3 | 11.7 | −12.0 | 15.64 | 6.2 | −2.5 | 88.5 | 11.5 | 2.03 | 0.047 |
| SH4 | 22.5 | −9.3 | 13.53 | 21.3 | −1.1 | 75.5 | 24.5 | 4.39 | 0.104 |
| SH5 | 16.4 | −10.3 | 9.25 | 14.7 | −1.4 | 81.0 | 19.0 | 2.17 | 0.051 |
| SH6 | 25.5 | −12.2 | 7.75 | 14.4 | −4.3 | 77.9 | 22.1 | 2.20 | 0.053 |
| SH7 | 20.7 | −13.3 | 5.77 | 6.7 | −4.9 | 84.9 | 15.1 | 1.02 | 0.024 |
| SH8 | 12.8 | −10.9 | 8.68 | 2.2 | −1.6 | 94.8 | 5.2 | 0.48 | 0.011 |
| SH9 | 11.7 | −13.4 | 8.85 | 5.6 | −3.9 | 87.4 | 12.6 | 1.28 | 0.029 |
| 平均值 | 17.0 | −11.7 | 8.93 | 8.7 | −2.8 | 85.8 | 14.2 | 1.67 | 0.039 |

注:C 为每吨水中生物气的产量。

得地层水中 $Na^+$、$K^+$、$Ca^{2+}$、$Mg^{2+}$ 等阳离子和 $Cl^-$、$SO_4^{2-}$ 等阴离子浓度升高。围岩中 $Na^+$ 与水体中的 $Ca^{2+}$ 和 $Mg^{2+}$ 发生了交换反应,造成了地层水中 $Na^+$ 的过剩。第二个阶段是膏盐类的水解。在这个阶段内,大量的石膏等硫酸盐矿物水解,造成了 $Ca^{2+}$、$Mg^{2+}$ 以及 $SO_4^{2-}$ 等离子的浓度大量升高。第三个阶段进行的是硫酸盐还原反应。此过程消耗了地层水中大量的 $SO_4^{2-}$,且造成了 $HCO_3^-$ 的过剩。在第四个阶段,$SO_4^{2-}$ 被彻底消耗殆尽,在产甲烷菌等微生物的作用下,通过 $CO_2$ 还原途径生成生物成因 $CH_4$。

## 5.5　本章小结

淮北煤田宿州矿区各含水层的地层水基本为偏碱性水体。新生界含水层以 Ca-Mg-Cl-$SO_4$ 型为主;灰岩含水层中 Ca-Mg-Cl-$SO_4$ 型和 Na-(K)-$HCO_3$-(Cl) 型的水都有赋存;煤系地层水水质类型最复杂,以 Na-(K)-$HCO_3$-(Cl) 型为主;煤层气井产出水主要为煤系地层水,其水质稳定,以 Na-$HCO_3$ 型为主。新生界含水层和灰岩含水层$[Mg^{2+}+Ca^{2+}]/[HCO_3^-]$比值都大于 1.0,膏盐、芒硝类蒸发岩类矿物的溶解贡献了额外的 $Ca^{2+}$ 和 $Mg^{2+}$,而煤系含水层中$[Mg^{2+}+Ca^{2+}]/[HCO_3^-]$比值小于 1.0,额外补充的 $HCO_3^-$ 可能来源于煤有机质热演化、微生物降解或者有机质矿化形成的 $CO_2$ 的溶解。煤系地层水和煤层气井产出水$[Na^++K^+]/[Ca^{2+}+Mg^{2+}]$比值较高,这类水体直接排放会对地表土壤和水体等产生不利影响。

不同离子的摩尔当量比为区分地下水化学组分的端元组成提供了重要依据。宿州矿区 3 类含水层水化学组成均受硅酸盐岩、碳酸盐岩和蒸发岩的溶解控制,并且存在明显的离子交换等水岩交换反应。新生界含水层和灰岩含水层的水化学组成可能主要受硅酸盐岩和蒸发岩溶解控制,煤系地层水中,蒸发岩对水化学组成的贡献占有优势,碳酸盐岩的贡献可能非常微弱。

宿州矿区新生界含水层受现今大气降水的直接补给,而煤系含水层和灰岩含水层则受古大气降水的补给。古大气降水的注入为煤系中生物成因 $CH_4$ 的生成提供了先决条件。通过水体中硫酸盐、溶解无机碳(DIC)、溶解有机碳(DOC)及 $CH_4$ 的浓度和相关同位素的分析表明,产甲烷菌群的活性与水体硫酸盐浓度高低及硫酸盐还原菌活性呈现消长关系。煤系含水层中较高的甲烷浓度、较高的溶解无机碳含量和明显偏重的 DIC 碳同位素组成等都是产甲烷菌群等微生物新陈代谢活动强烈、产甲烷菌通过 $CO_2$ 还原作用形成生物成因 $CH_4$

的有力证据。

宿州矿区较为合理的次生生物成因煤层气生成与富集模式应该是:古大气降水注入后,一方面为煤层气富集区的形成提供了一个有利的封闭环境,另一方面,部分产甲烷菌群沿着含煤地层的孔裂隙结构迁移到煤层中快速繁衍,并生成大量生物成因 $CH_4$。在残留热成因煤层气基础上,形成生物成因和热成因混合气的富集区,其规模取决于微生物的迁移能力和残留热成因气的赋存状况。在埋藏较深的部位、煤层与地下水接触地带等局部地区可能分别存在热成因气和生物成因气的富集区。

土城向斜煤层气伴生水水质类型为 Na-Cl 型,水溶质主要受蒸发岩和硅酸盐岩溶解的控制。煤层气伴生水经历了复杂的水-岩互动过程。水体中的 $Ca^{2+}$ 和 $Mg^{2+}$ 与围岩中 $Na^+$ 发生交换,造成了 $Na^+$ 过剩;硫酸盐的还原过程生成了大量的 $HCO_3^-$。偏重的 $\delta^{13}C$-DIC 值、地层水氢同位素氘漂移以及 DIC 和 $CO_2$ 之间的碳同位素分馏等水文地球化学信息,证实了次生生物成因气的存在。根据 DIC-$CH_4$-$CO_2$ 之间的碳同位素分馏相关计算结果,煤层气伴生水中 DIC 转化为 $CH_4$ 的比例为 4.9%～24.5%,生物成因甲烷的产率可达 0.104 $m^3/t$,平均为 0.039 $m^3/t$。

# 第 6 章　含煤岩系生物标志物组成 与生物降解特征

## 6.1　概述

淮北煤田煤岩有机质含量变化范围为 71.0%～99.7%（表 3-1），有机质类型以产气性能较好的 Ⅲ 型干酪根为主，煤层含气量最高可达 25 m³/t（干燥无灰基），具有很好的煤层气资源前景（Li et al.,2015）。前期研究表明（武昱东 等，2009；谭静强 等，2009a，2009b），研究区古近纪以来，含煤地层温度基本保持在 27～50 ℃，非常适宜微生物的生存。从煤层气地球化学特征也可以看出，生物成因煤层气在研究区各矿区均有可观的赋存（Li et al.,2015）；含煤地层水水化学特征表明，研究区煤系地层水受到过古大气降水的补给，地层水中部分地区的产甲烷菌等微生物活动信号强烈。这些研究为煤层中微生物的存在和次生生物成因煤层气的形成提供了有利的证据。但是，由于水溶作用和煤层气解吸过程中产生的同位素分馏等因素会限制其在煤层气成因类型判别方面的可信度（Kotarba,1990；Rice,1993；Whiticar,1996；Bacsik et al.,2002；Strapoć et al.,2006；段利江 等,2007），因此，仅仅通过对煤系地层水化学特征、气体组分和同位素组成特征等方面进行的间接研究，并不足以从根本上阐明生物成因气的成因机理。

煤有机质含有的富氧羟基、羧基等各类官能基团是煤层气形成的重要物质基础。不同微生物对有机质的降解具有选择性，产甲烷菌等只会利用特定的几类有机化合物合成甲烷。因此，生物成因煤层气形成过程中，在饱和烃和芳烃等生物标志化合物的有机分子层面必然会留下一系列关于微生物对其进行选择性降解的信息。微生物对有机质的降解特征和降解程度等对进一步研究生物成因煤层气的形成机理和形成过程至关重要（Ahmed et al.,1999,2001；Formolo et al.,2008；Gao et al.,2013）。

作为有机分子化石,生物标志化合物还具有以下特征:① 广泛存在于多种生物体中,且丰度较高;② 在有机质演化过程中具有一定的化学稳定性和结构上的特异性,能够保存原始母质组分的碳骨架;③ 在遭受生物降解过程中,不同生物标志化合物表现出不同的抗降解能力。因此,生物标志化合物还能够反映有机质来源、组成、成熟度和沉积环境等方面的信息(马安来 等,2005;倪春华等,2005)。

### 6.1.1　煤岩生物标志化合物研究进展

在油气领域,生物标志化合物被广泛用于油源对比、形成时代判别、沉积环境和成熟度分析以及烃类的生物降解特征等方面(Seifert et al.,1979;Radke,1988;王铁冠 等,1995;马安来 等,2005;陈建平 等,2006;Hostettler et al.,2002;Peters et al.,2005;Farhaduzzaman et al.,2013)。相比之下,国内外对煤有机质中生物标志化合物的研究较为薄弱,要么与煤成油性能评价有关(傅家谟等,1990;卢双舫 等,1996;黄第藩 等,1999;程克明 等,2002),要么与煤岩形成环境和物源组成有关(曾凡刚 等,1994;王铁冠 等,1995;张俊 等,2002;陈建平等,2006;沈忠民 等,2007),而微生物成因煤层气形成过程中生物标志化合物降解特征的研究明显不足(刘全有 等,2007;陶明信 等,2014)。

国际上,伴随着近些年煤层气和页岩气的勘探开发,与生物气有关的沉积有机质的生物降解特征研究逐渐成为热点。Ahmed 等(1999,2001)认为,与石油领域研究类似,煤岩中的生物标志化合物生物降解的易感性随着烷基取代基的增加而增加,随着芳香环数量的增加而减少。并且,他们还对芳烃化合物中萘系列、芴系列和二苯并噻吩系列的生物降解易感性进行了分析。此外,他们还发现,煤岩中某些芳烃组分比碳数大于 $nC_{20}$ 的正构烷烃更容易发生降解,明显区别于微生物对石油的降解,推测其可能与地下水的活动有关。Gao 等(2013)对美国 Illinois 盆地的煤和碳质泥页岩的微生物降解研究也发现,其生物降解特征明显区别于石油,芳烃组分的降解不一定要在饱和烃完全降解之后才开始。

### 6.1.2　不同生物标志化合物系列的降解特征

已有研究表明(Wenger et al.,2002;Peters et al.,2005;倪春华 等,2005),不同生物标志化合物系列的抗降解能力不同(表 6-1)。但是生物降解是一个准多级的过程,具有稍高抗降解能力的化合物系列的降解,不一定要在较低抗生物降解能力的化合物系列全部降解完成之后才开始。不同生物标志化合物的降解易感性为:正构烷烃(最易降解)＞无环类异戊二烯烃＞藿烷(有 25-降藿烷)≥甾烷＞藿烷(无 25-降藿烷)～重排甾烷＞芳烃(最难降解)。

**表 6-1　生物标志物生物降解程度划分表**

（Peters et al.，2005；宋长玉，2006）

| 等级 | 生物标志物降解特征 | 生物降解程度 |
|---|---|---|
| 1 | 低分子量正构烷烃消失 | 轻微 |
| 2 | 大部分正构烷烃消失 | 轻微 |
| 3 | 只存在微量正构烷烃 | 轻微 |
| 4 | 无正构烷烃、无环类异戊二烯烃完整 | 中等 |
| 5 | 无环类异戊二烯烃全部消失 | 中等 |
| 6(1) | 甾烷部分消失 | 严重 |
| 6(2) | 藿烷降解，出现 25-降藿烷 | 严重 |
| 7 | 甾烷消失，重排甾烷完整 | 严重 |
| 8 | 藿烷部分降解，无 25-降藿烷 | 非常严重 |
| 9 | 藿烷部分降解，重排甾烷部分消失 | 非常严重 |
| 10 | 无甾烷、藿烷，$C_{26}\sim C_{29}$芳甾烷部分消失 | 极其严重 |

一般认为低碳数的正构烷烃（$nC_8\sim nC_{12}$）最先遭受降解，而微生物对碳数在 15 以上的奇碳或偶碳正构烷烃并没有明显的选择性。然而，也有学者认为（Bechtel et al.，2002；Hostettler et al.，2002；刘全有 等，2007；Fabiańska et al.，2013）微生物对正构烷烃的降解主要是通过降解长链组分，从而表现出低碳数组分的相对含量有所增加。

姥鲛烷(Pr)和植烷(Ph)是类异戊二烯烃中比较常见的组分。碳数小于 20 的类异戊二烯可能主要来自高等植物叶绿素中植醇的转化。植醇在还原环境下主要形成植烷，在弱氧化环境下主要形成姥鲛烷。因此，Peters 等（1993）认为，Pr/Ph>3.0 可能指示了氧化环境下陆源有机质的输入，而 Pr/Ph<0.6 则可能是高盐还原性环境下海相物源输入的标志。与相邻的正构烷烃相比，这类组分具有稍强的抗降解能力。因此，随着微生物对正构烷烃的降解程度增加，$Pr/nC_{17}$ 和 $Ph/nC_{18}$ 比值逐渐增加（Wenger et al.，2002；Peters et al.，2005；Formolo et al.，2008），通常可以用来反映有机质的生物降解程度。

随着各种因素的变迁，甾烷构型样式和侧链的长短变化较多，在油源对比、沉积环境判识、成熟度和生物降解特征分析等方面可以提供许多有价值的参考信息（王培荣 等，1996）。为了尽可能精确地分离不同构型的甾烷系列化合物，一般采用 GCMS/MS 法对其进行检测。$C_{27}$-$C_{28}$-$C_{29}$规则甾烷三角图常用来分析有机质物源组成，$C_{27}$甾烷占优势可能说明水生生物为主，而 $C_{29}$甾烷占优势则可能说明物源组成以陆源高等植物为主。不同甾烷生物降解易感性顺序为：$C_{27}>C_{28}>C_{29}$。对不同异构体而言，其生物降解易感性顺序一般为：$\alpha\alpha\alpha20R \gg \alpha\beta\beta20R \geqslant \alpha\beta\beta20S \geqslant \alpha\alpha\alpha20S$（Seifert et al.，1979；Peters et al.，2005）。重排甾烷抗生物降解能力极强，常被用作内标来衡量其他抗生物降解能力稍弱的生物标志化合物受到降解的程度。

藿烷系列化合物的抗生物降解能力也非常强。与甾烷系列化合物相比，其遭受微生物的降解主要有两种类型：① 藿烷的生物降解发生在甾烷之前，并伴有 25-降藿烷生成；② 藿烷的生物降解发生在甾烷生物降解之后，但没有 25-降藿烷的生成。微生物对藿烷系列高分子量同系物（$C_{31}\sim C_{35}$升藿烷）的降解有两种不同的途径：① 对烷基侧链优先进行氧化降解，导致了藿烷较高分子量同系物（$C_{35}$升藿烷）优先降解；② 环状核结构优先蚀变，较长烷基侧链对微生物的降解具有抑制作用，此时，$C_{31}$升藿烷优先降解（Peters et al.，1996）。

本研究的主要目的有：① 深入分析研究区煤和泥岩生物标志化合物组成特征；② 应用生物标志化合物相关参数对研究区含煤地层沉积环境、物源组成和有机质成熟度特征进行分析；③ 通过对研究区煤和泥岩生物标志化合物特征的研究，进一步提供煤层气成因类型方面的证据；④ 通过对不同生物降解程度的样品进行分析，深化对生物气形成过程中煤生物标志物降解特征和降解机理方面的认识，进而对煤层气勘探开发选区提供科学依据；⑤ 对比研究煤岩和煤系地层泥岩样品生物标志化合物组成特征和生物降解特征等方面的差异。

# 6.2　气源岩样品采集和实验测试

煤岩和煤系地层泥岩样品分别采自淮北煤田濉萧矿区（杨庄矿和石台矿）、临涣矿区（海孜矿和临涣矿）和宿州矿区（芦岭矿和祁南矿）。其中，煤岩样品 9 块，煤系地层泥岩样品 6 块，样品采集层位为二叠系主要可采煤层，样品基本信息见表 6-2。煤样采集地点均为新开掘工作面，泥岩样品在靠近煤层的顶板处采集。样品采集后密封保存，直至实验室进行相关分析。

从表 6-2 可以看出，所采集的煤样埋藏深度为 $280\sim722$ m，成熟度变化范围为 $0.96\%\sim1.69\%$，基本上达到成熟-过成熟阶段，成熟度为 2.54% 的煤样采集于岩浆侵入体附近。煤样有机碳（TOC）含量丰富，普遍高于 70.0%。显微组分以镜质组占绝对优势（$79.0\%\sim97.8\%$，平均为 91.4%），惰质组次之（$1.8\%\sim17.3\%$，平均为 7.5%），壳质组相对含量最低（$0\sim6.5\%$，平均为 1.2%）。

表 6-2　淮北煤田煤和泥岩样品基本特征表

| 样品原号 | 矿区 | 矿井 | 层位 | 埋深/m | TOC/% | $R_o$/% | 显微组分含量/% 镜质组 | 显微组分含量/% 惰质组 | 显微组分含量/% 壳质组 |
|---|---|---|---|---|---|---|---|---|---|
| Mud-01 | 濉萧矿区 | 石台 | 5 煤顶板 | 554 | 15.0 | 1.20 | 76.8 | 19.3 | 3.9 |
| C-01 | 濉萧矿区 | 石台 | 5 煤 | 553 | 71.0 | 1.36 | 97.8 | 1.8 | 0.4 |
| C-02 | 濉萧矿区 | 杨庄 | 7 煤 | 422 | 88.0 | 1.69 | 97.7 | 2.0 | 0.3 |
| Mud-02 | 临涣矿区 | 临涣 | 7 煤顶板 | 377 | 8.0 | 0.97 | 82.0 | 14.3 | 3.7 |
| Mud-03 | 临涣矿区 | 海孜 | 10 煤顶板 | 551 | 2.2 | 0.97 | 79.6 | 10.8 | 9.6 |
| Mud-04 | 临涣矿区 | 临涣 | 10 煤顶板 | 601 | 0.5 | 1.38 | 96.1 | 2.9 | 1.0 |
| C-03 | 临涣矿区 | 海孜 | 10 煤 | 317 | 92.1 | 0.96 | 79.0 | 14.5 | 6.5 |
| C-04 | 临涣矿区 | 临涣 | 10 煤 | 353 | 84.5 | 1.30 | 94.9 | 3.5 | 1.5 |
| C-05 | 临涣矿区 | 临涣 | 7 煤 | 554 | 87.7 | 1.15 | 96.3 | 3.2 | 0.5 |
| C-06 | 临涣矿区 | 海孜 | 9 煤 | 722 | 91.4 | 2.54 | 96.3 | 3.7 | 0 |
| C-07 | 临涣矿区 | 海孜 | 9 煤 | 722 | / | / | / | / | / |
| Mud-05 | 宿州矿区 | 祁南 | 7 煤顶板 | 354 | 5.1 | 1.50 | 93.7 | 5.8 | 0.5 |
| Mud-06 | 宿州矿区 | 芦岭 | 8 煤顶板 | 354 | 1.5 | 0.78 | 71.4 | 12.2 | 16.4 |
| C-08 | 宿州矿区 | 芦岭 | 8 煤 | 280 | 86.5 | 0.96 | 86.4 | 13.6 | 0 |
| C-09 | 宿州矿区 | 芦岭 | 8 煤 | 404 | 99.7 | 0.98 | 82.7 | 17.3 | 0 |

煤层顶板泥岩样品埋藏深度为 354～601 m。成熟度变化范围为 0.78％～1.50％,也基本上达到成熟-过成熟阶段。TOC 含量也较为可观,基本上都高于1.0％,最高可达 15.0％。虽然显微组分也以镜质组占绝对优势(71.4％～96.1％,平均为 83.3％),但惰质组(2.9％～19.3％,平均为 10.9％)和壳质组(0.5％～16.4％,平均为 5.9％)相对含量均比煤样略高。

依据《岩石中抽提物含量测定》(SY/T 5118—2021),煤样研磨过筛(80 目)后,经过索氏抽提 72 h,滤液经旋转蒸发浓缩后用氮气吹干。恒重后,对氯仿沥青 A 含量进行测试,并储存在干燥器中。饱和烃、芳烃、非烃和沥青质等馏分的分离依据《岩石中可溶有机物及原油族组分分析》(SY/T 5119—2016)进行,用正己烷洗脱分离出饱和烃馏分,用二氯甲烷洗脱分离出芳烃馏分,用氯仿-乙醇(体积比 9∶1)洗脱分离出非烃馏分,采用 IATROSCAN-MK-6 棒薄层色谱-氢火焰离子检测器(日本)测试每个族组成的相对含量。

饱和烃和芳烃组分的质谱分析分别采用 GCMS-QP2010 Plus 气质联用仪进行。色谱质谱条件如下:色谱质谱柱采用 HP-5MS（30 m×0.32 mm×0.25 μm)型;气化室温度为 300 ℃,初始温度为 80 ℃,保持 1 min,以 3 ℃/min 升温到 310 ℃,恒温 5 min,以 10 ℃/min 升温到 320 ℃,恒温 8 min;检测器采用氢火焰离子化检测器(FID);载气为纯氦气,恒流模式;质谱离子源为电子轰击源(EI),全扫描检测模式;离子源温度为 300 ℃;离子源电离能为 70 eV;数据库采用美国 Nist 库。

# 6.3　气源岩样品测试结果

由表 6-3 可见,煤样可抽提物含量变化范围为 0.03％～5.56％,平均为1.14％,其中:非烃和沥青质为主要组分,平均含量达 57.4％;其次为芳烃组分,平均含量为 35.5％;饱和烃组分相对含量最低,平均含量仅为 7.2％。煤样的饱芳比较低,平均值仅为 0.18。由表 6-4 可见,煤层顶板泥岩样品可抽提物含量变化范围为 0.03％～0.36％,平均为 0.11％,较煤样明显偏低。非烃和沥青质平均含量为 50.5％,芳烃平均含量为 41.1％,饱和烃平均含量为 8.5％。与煤样相比,饱芳比稍高,平均为 0.26,但差别不大。氯仿沥青"A"饱和烃-芳烃-非烃＋沥青质组成特征三角图如图 6-1 所示。

## 表 6-3　淮北煤田煤样生物标志化合物族组成特征

| 参数 | | 濉萧矿区 | | 临涣矿区 | | | | | 宿州矿区 | |
|---|---|---|---|---|---|---|---|---|---|---|
| | | C-01 | C-02 | C-03 | C-04 | C-05 | C-06 | C-07 | C-08 | C-09 |
| 位置 | | ST315 | YZ517 | HZ1035 | LH1044 | LH 797 | HZ932-1 | HZ932-2 | LL842 | LL829 |
| 埋深/m | | 553 | 422 | 317 | 353 | 554 | 722 | 722 | 280 | 404 |
| 可抽提物/% | | 0.64 | 5.56 | 1.06 | 0.39 | 0.25 | 0.04 | 0.03 | 0.81 | 1.44 |
| 饱和烃/% | | 1.6 | 1.5 | 36.9 | 2.6 | 1.9 | 0.9 | 16.5 | 1.3 | 1.3 |
| 芳烃/% | | 38.2 | 49.2 | 41.1 | 26.6 | 57.8 | 23.7 | 53.0 | 10.1 | 19.6 |
| 非烃/% | | 4.3 | 2.6 | 13.8 | 9.6 | 5.8 | 6.0 | 23.8 | 6.2 | 9.3 |
| 沥青质/% | | 55.9 | 46.8 | 8.3 | 61.2 | 34.5 | 69.5 | 6.7 | 82.5 | 69.8 |
| 饱芳比 | | 0.04 | 0.03 | 0.90 | 0.10 | 0.03 | 0.04 | 0.31 | 0.13 | 0.07 |
| $\sum$ 萘/% | | 4.8 | 2.7 | 1.1 | 6.1 | 0.7 | 2.0 | 7.0 | 14.7 | 29.8 |
| $\sum$ 菲/% | | 46.5 | 36.4 | 33.8 | 47.0 | 53.8 | 54.5 | 32.3 | 44.1 | 33.2 |
| $\sum$ 蒽/% | | 10.7 | 22.6 | 12.5 | 11.7 | 11.8 | 12.5 | 11.0 | 10.6 | 8.4 |
| $\sum$ 二苯并噻吩/% | | 3.3 | 1.3 | 19.3 | 6.5 | 5.9 | 4.2 | 13.2 | 1.2 | 0.6 |
| $\sum$ 联苯/% | | 7.1 | 0 | 3.2 | 5.6 | 2.6 | 2.3 | 21.7 | 0.9 | 2.4 |
| $\sum$ 二苯并呋喃/% | | 7.0 | 0.5 | 1.4 | 5.1 | 2.4 | 4.2 | 0.9 | 4.0 | 6.2 |
| $\sum$ 芴/% | | 12.0 | 1.3 | 6.2 | 9.4 | 12.1 | 9.2 | 5.1 | 2.4 | 4.8 |
| $\sum$ 荧蒽+芘/% | | 4.5 | 11.4 | 11.1 | 4.8 | 6.0 | 5.8 | 5.6 | 9.5 | 6.7 |
| $\sum$ 苯并荧蒽+苯并芘/% | | 4.1 | 23.7 | 11.4 | 3.8 | 4.7 | 5.3 | 3.3 | 12.6 | 7.9 |
| 正构烷烃 | $nC_{15}\sim nC_{19}$/% | 52.4 | 4.4 | 61.2 | 9.5 | 9.0 | 16.3 | 53.9 | 14.7 | 20.5 |
| | $nC_{20}\sim nC_{24}$/% | 31.9 | 53.0 | 22.0 | 57.6 | 51.0 | 47.3 | 24.9 | 48.0 | 45.3 |
| | $nC_{25}\sim nC_{30}$/% | 12.3 | 35.7 | 11.4 | 29.6 | 30.1 | 30.7 | 14.4 | 33.9 | 32.2 |
| | $nC_{31}\sim nC_{35}$/% | 3.4 | 6.9 | 5.5 | 3.4 | 9.8 | 5.7 | 6.7 | 3.4 | 2.1 |
| | $\sum C_{21-}/\sum C_{22+}$ | 2.33 | 0.24 | 2.81 | 0.48 | 0.51 | 0.58 | 2.11 | 0.48 | 0.46 |

表 6-3(续)

| 参数 | | 濉萧矿区 | | 临涣矿区 | | | | | 宿州矿区 | |
|---|---|---|---|---|---|---|---|---|---|---|
| | | C-01 | C-02 | C-03 | C-04 | C-05 | C-06 | C-07 | C-08 | C-09 |
| 甾烷系列 | $C_{27}$/% | 16.4 | 15.1 | 28.7 | 16.8 | 16.0 | 40.6 | 16.4 | 31.3 | 15.5 |
| | $C_{28}$/% | 36.8 | 32.6 | 25.9 | 31.0 | 34.8 | 20.3 | 35.4 | 22.6 | 24.9 |
| | $C_{29}$/% | 46.8 | 52.4 | 45.4 | 52.2 | 49.2 | 39.2 | 48.2 | 46.0 | 59.6 |

**表 6-4　淮北煤田泥岩样品生物标志化合物族组成特征**

| 参数 | 濉萧矿区 | 临涣矿区 | | | 宿州矿区 | |
|---|---|---|---|---|---|---|
| | Mud-01 | Mud-02 | Mud-03 | Mud-04 | Mud-05 | Mud-06 |
| 位置 | ST315 顶板 | LH797 顶板 | HZ1035 顶板 | LH1044 顶板 | QN716 顶板 | LL842 顶板 |
| 埋深/m | 554 | 377 | 551 | 601 | 354 | 354 |
| 可抽提物/% | 0.10 | 0.36 | 0.04 | 0.03 | 0.03 | 0.09 |
| 饱和烃/% | 1.8 | 23.5 | 6.0 | 14.8 | 4.2 | 0.8 |
| 芳烃/% | 35.9 | 28.5 | 20.7 | 54.6 | 40.2 | 66.6 |
| 非烃/% | 12.4 | 20.6 | 25.1 | 8.5 | 5.8 | 8.0 |
| 沥青质/% | 50.0 | 27.4 | 48.2 | 22.2 | 49.8 | 24.7 |
| 饱芳比 | 0.05 | 0.82 | 0.29 | 0.27 | 0.10 | 0.01 |
| $\sum$ 萘/% | 0.5 | 6.9 | 5.7 | 1.2 | 1.4 | 2.0 |
| $\sum$ 菲/% | 49.8 | 48.5 | 54.0 | 38.9 | 55.0 | 47.8 |
| $\sum$ 蒀/% | 18.8 | 10.3 | 12.5 | 17.3 | 14.6 | 13.8 |
| $\sum$ 二苯并噻吩/% | 4.7 | 3.2 | 3.2 | 3.8 | 4.1 | 5.1 |
| $\sum$ 联苯/% | 0.3 | 4.3 | 0.2 | 0.9 | 1.5 | 5.3 |
| $\sum$ 二苯并呋喃/% | 0.9 | 5.9 | 3.1 | 1.7 | 3.7 | 4.4 |
| $\sum$ 芴/% | 6.9 | 8.9 | 2.8 | 7.4 | 8.4 | 10.5 |
| $\sum$ 荧蒽+芘/% | 9.0 | 6.4 | 9.7 | 10.5 | 6.0 | 6.6 |
| $\sum$ 苯并荧蒽+苯并芘/% | 9.1 | 5.7 | 8.8 | 18.2 | 5.3 | 4.5 |

表 6-4(续)

| 参数 | | 濉萧矿区 | 临涣矿区 | | | 宿州矿区 | |
|---|---|---|---|---|---|---|---|
| | | Mud-01 | Mud-02 | Mud-03 | Mud-04 | Mud-05 | Mud-06 |
| 正构烷烃 | $nC_{15}\sim nC_{19}/\%$ | 10.7 | 44.5 | 19.9 | 39.8 | 31.0 | 23.4 |
| | $nC_{20}\sim nC_{24}/\%$ | 57.8 | 30.3 | 47.5 | 38.7 | 44.1 | 51.1 |
| | $nC_{25}\sim nC_{30}/\%$ | 28.8 | 19.0 | 30.0 | 16.4 | 19.6 | 18.5 |
| | $nC_{31}\sim nC_{35}/\%$ | 2.7 | 6.3 | 2.7 | 5.2 | 5.3 | 7.0 |
| $\sum C_{21-}/\sum C_{22+}$ | | 0.30 | 1.33 | 0.64 | 1.28 | 0.86 | 0.98 |
| 甾烷系列 | $C_{27}/\%$ | 20.1 | 49.4 | 17.3 | 36.1 | 17.2 | 32.8 |
| | $C_{28}/\%$ | 33.1 | 18.5 | 27.1 | 20.5 | 35.7 | 26.1 |
| | $C_{29}/\%$ | 46.8 | 32.1 | 55.6 | 43.4 | 47.1 | 41.1 |

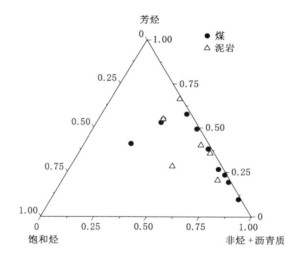

图 6-1　氯仿沥青"A"饱和烃-芳烃-非烃＋沥青质组成特征三角图

与物源组成和成熟度有关的参数计算依据相关研究文献进行(Alexander et al.,1985;Radke et al.,1988;Kvalheim et al.,1987;Peters et al.,1993,2005)。这些参数包括碳优势指数(CPI)、奇偶优势比(OEP)、姥植比(Pr/Ph)、Ts/(Ts＋Tm)、$C_{29}$甾烷异构指数[20S/(20S＋20R)]、藿烷/甾烷、升藿烷异构指数[22S/(22S＋22R)]、甲基菲指数(MPI,MPR,MPDF)、三甲基萘指数(TNR)、二甲基苯并噻吩指数(MDR)等,详细结果见表 6-5 和表 6-6。

表6-5 淮北煤田煤样生物标志化合物地球化学参数表

| 参数 | | 濉萧矿区 | | | 临涣矿区 | | | | 宿州矿区 | |
|---|---|---|---|---|---|---|---|---|---|---|
| | | C-01 | C-02 | C-03 | C-04 | C-05 | C-06 | C-07 | C-08 | C-09 |
| 位置 | | ST315 | YZ517 | HZ1035 | LH1044 | LH797 | HZ932-1 | HZ932-2 | LL842 | LL829 |
| $R_o$/% | | 1.36 | 1.69 | 0.96 | 1.30 | 1.15 | 2.54 | / | 0.96 | 0.98 |
| $R_c$/% | | 1.21 | 1.01 | 1.31 | 1.25 | 1.34 | 1.57 | 1.03 | 0.86 | 0.89 |
| Ts/(Ts+Tm) | | 0.45 | 0.15 | 0.48 | 0.38 | 0.24 | 0.50 | 0.36 | 0.19 | 0.10 |
| MPI1 | | 1.36 | 1.02 | 1.51 | 1.41 | 1.57 | 1.22 | 1.05 | 0.76 | 0.82 |
| MPR | | 2.19 | 2.69 | 4.19 | 2.72 | 4.67 | 2.43 | 5.13 | 0.92 | 0.94 |
| MPDF1 | | 0.65 | 0.46 | 0.77 | 0.68 | 0.81 | 0.67 | 0.80 | 0.46 | 0.55 |
| TNR1 | | 7.80 | 0.38 | 1.98 | 2.73 | 9.14 | 6.18 | 1.99 | 7.96 | 2.55 |
| MDR | | 21.05 | 2.67 | 21.99 | 20.88 | 48.01 | 14.67 | 26.77 | 2.08 | 2.97 |
| 升藿烷异构指数 22S/(22S+22R) | $C_{31}$ | 0.47 | 0.59 | 0.59 | 0.58 | 0.52 | 0.60 | 0.54 | 0.59 | 0.58 |
| | $C_{32}$ | / | 0.62 | 0.57 | / | 0.61 | 0.58 | 0.62 | 0.60 | 0.59 |
| | $C_{33}$ | / | 0.60 | 0.60 | 0.52 | 0.51 | 0.60 | 0.56 | 0.58 | 0.59 |
| | $C_{34}$ | / | 0.61 | 0.60 | 0.52 | / | 0.62 | / | 0.65 | 0.72 |
| | $C_{35}$ | / | 0.39 | 0.57 | 0.44 | / | 0.66 | / | 0.61 | 0.41 |
| $C_{29}$甾烷 | $\alpha\alpha\alpha S/(\alpha\alpha\alpha S+\alpha\alpha\alpha R)$ | 0.07 | 0.15 | 0.25 | 0.23 | 0.10 | 0.42 | 0.10 | 0.39 | 0.36 |
| | $\alpha\beta\beta/(\alpha\alpha\alpha+\alpha\beta\beta)$ | 0.20 | 0.27 | 0.32 | 0.33 | 0.23 | 0.37 | 0.21 | 0.39 | 0.38 |
| | 20S/(20S+20R) | 0.09 | 0.20 | 0.30 | 0.27 | 0.14 | 0.42 | 0.14 | 0.39 | 0.36 |
| 重排甾烷 | 27S/(27S+27R) | 0.42 | 0.44 | 0.52 | 0.61 | 0.49 | 0.51 | 0.54 | 0.54 | 0.43 |

表 6-5(续)

| 参数 | | 淮蕉矿区 | | | | 临涣矿区 | | | 宿州矿区 | |
|---|---|---|---|---|---|---|---|---|---|---|
| | | C-01 | C-02 | C-03 | C-04 | C-05 | C-06 | C-07 | C-08 | C-09 |
| 正构烷烃 | CPI(1) | 1.14 | 1.25 | 0.98 | 1.00 | 1.06 | 1.02 | 1.03 | 1.09 | 1.04 |
| | OEP(1) | 0.83 | 0.95 | 0.54 | 0.95 | 0.70 | 0.96 | 0.48 | 0.97 | 0.96 |
| | OEP(2) | 1.75 | 3.61 | 1.53 | 1.08 | 1.29 | 1.03 | 1.58 | 1.24 | 1.15 |
| 烷基环己烷 | OEP17 | 3.40 | 1.79 | 6.96 | 1.20 | 7.05 | 1.58 | 4.75 | 1.15 | 1.12 |
| 三环萜烷 | OEP23 | 2.15 | 1.81 | 2.57 | 1.79 | 1.89 | 2.08 | 2.11 | 1.99 | 1.47 |
| | Pr/Ph | 0.62 | 0.33 | 0.89 | 0.19 | 0.26 | 0.74 | 0.73 | 1.40 | 1.41 |
| | 伽马蜡烷/$C_{30}$藿烷 | 0.23 | 0.23 | 0.09 | 0.13 | 0.07 | 0.15 | 0.13 | 0.17 | 0.05 |
| | 莫烷/$17\alpha$-藿烷 | 0.26 | 0.26 | 0.16 | 0.13 | 0.15 | 0.24 | 0.12 | 0.22 | 0.20 |
| | 甾烷/$17\alpha$-藿烷 | 1.80 | 1.84 | 0.97 | 0.82 | 1.08 | 1.35 | 0.51 | 1.31 | 0.30 |
| | 藿烷/甾烷 | 0.58 | 0.58 | 1.09 | 1.27 | 1.11 | 0.76 | 2.07 | 0.79 | 3.50 |
| | 重排甾烷/规则甾烷 | 0.10 | 0.05 | 0.03 | 0.19 | 0.12 | 0.07 | 0.29 | 0.08 | 0.26 |
| | $C_{27}$甾烷/$C_{27}$重排甾烷 | 4.80 | 4.81 | 5.70 | 2.11 | 3.14 | 4.11 | 2.04 | 3.74 | 2.14 |
| 烷基环己烷 | 三环萜烷/藿烷 | 0.60 | 0.12 | 2.82 | 0.18 | 0.29 | 0.39 | 1.10 | 0.20 | 0.15 |
| 升藿烷 | $\sum C_{20-}/\sum C_{20+}$ | 13.40 | 2.28 | 6.8 | 3.82 | 4.19 | 5.97 | 11.87 | 3.64 | 3.10 |
| | $C_{31}/\sum C_{31\sim35}$ | 1.00 | 0.44 | 0.43 | 0.58 | 0.38 | 0.46 | 0.51 | 0.45 | 0.44 |
| 三环萜烷 | $C_{19}/C_{20}$ | 0.5 | 0.4 | 0.2 | 0.5 | 0.4 | 0.3 | 0.3 | 0.7 | 1.4 |
| | $C_{20}/C_{21}$ | 0.7 | 2.5 | 0.8 | 1.1 | 0.4 | 0.5 | 0.6 | 1.5 | 6.1 |
| | $C_{21}/C_{23}$ | 0.8 | 0.4 | 1.3 | 0.6 | 0.9 | 0.6 | 1.2 | 0.6 | 1.6 |

表 6-6　淮北煤田泥岩样品生物标志化合物地球化学参数表

| 参数 | | 濉萧矿区 | 临涣矿区 | | | 宿州矿区 | |
|---|---|---|---|---|---|---|---|
| | | Mud-01 | Mud-02 | Mud-03 | Mud-04 | Mud-05 | Mud-06 |
| 位置 | | ST315 顶板 | LH797 顶板 | HZ1035 顶板 | LH1044 顶板 | QN716 顶板 | LL842 顶板 |
| $R_o/\%$ | | 1.20 | 0.97 | 1.38 | 0.97 | 1.50 | 0.78 |
| $R_c/\%$ | | 1.33 | 0.86 | 0.84 | 0.94 | 1.13 | 1.42 |
| Ts/(Ts+Tm) | | 0.45 | 0.50 | 0.55 | 0.42 | 0.05 | 0.56 |
| MPI1 | | 1.55 | 0.77 | 0.74 | 0.90 | 1.21 | 1.71 |
| MPR | | 2.93 | 1.76 | 1.12 | 3.65 | 2.46 | 3.26 |
| MPDF1 | | 0.71 | 0.58 | 0.48 | 0.74 | 0.66 | 0.71 |
| TNR1 | | 2.55 | 7.44 | 2.83 | 4.13 | 12.93 | / |
| MDR | | 27.46 | 9.17 | 2.68 | 16.28 | 16.49 | 25.29 |
| 升藿烷异构指数 22S/(22S+22R) | $C_{31}$ | 0.54 | 0.30 | 0.58 | 0.60 | 0.53 | 0.54 |
| | $C_{32}$ | 0.57 | 0.22 | 0.60 | 0.58 | / | 0.53 |
| | $C_{33}$ | 0.62 | 0.89 | 0.58 | 0.50 | / | / |
| | $C_{34}$ | / | 0.26 | 0.62 | 0.49 | / | / |
| | $C_{35}$ | / | 0.72 | 0.42 | 0.94 | / | / |
| $C_{29}$ 甾烷 | $\alpha\alpha\alpha S/(\alpha\alpha\alpha S+\alpha\alpha\alpha R)$ | 0.10 | 0.39 | 0.20 | 0.33 | 0.09 | 0.24 |
| | $\alpha\beta\beta/(\alpha\alpha\alpha+\alpha\beta\beta)$ | 0.23 | 0.40 | 0.28 | 0.37 | 0.22 | 0.38 |
| | 20S/(20S+20R) | 0.15 | 0.41 | 0.24 | 0.36 | 0.11 | 0.31 |
| 重排甾烷 | 27S/(27S+27R) | 0.58 | 0.54 | 0.59 | 0.56 | 0.51 | 0.44 |
| 正构烷烃 | CPI(1) | 0.79 | 1.13 | 1.00 | 1.21 | 1.04 | 0.80 |
| | OEP(1) | 0.55 | 1.03 | 0.70 | 0.89 | 0.96 | 0.70 |
| | OEP(2) | 1.11 | 1.25 | 1.29 | 1.62 | 1.07 | 1.01 |
| 烷基环己烷 | OEP17 | 4.50 | 7.42 | 2.78 | 8.05 | 4.05 | 3.07 |
| Pr/Ph | | 0.67 | 0.29 | 0.96 | 0.43 | 1.27 | 0.29 |
| 伽马蜡烷/$C_{30}$藿烷 | | 0.20 | 0.19 | 0.04 | 0.12 | 0.20 | 0.19 |
| 莫烷/$17\alpha$-藿烷 | | 0.21 | 0.13 | 0.16 | 0.14 | 0.24 | 0.19 |
| 甾烷/$17\alpha$-藿烷 | | 1.74 | 1.18 | 0.35 | 0.80 | 1.90 | 1.40 |
| 藿烷/甾烷 | | 0.62 | 0.92 | 3.01 | 1.32 | 0.55 | 0.93 |
| 重排甾烷/规则甾烷 | | 0.09 | 1.30 | 0.11 | 0.30 | 0.07 | 0.37 |
| $C_{27}$甾烷/$C_{27}$重排甾烷 | | 3.81 | 0.44 | 2.72 | 1.64 | 3.95 | 1.20 |

表 6-6(续)

| 参数 | | 濉萧矿区 | 临涣矿区 | | | 宿州矿区 | |
|---|---|---|---|---|---|---|---|
| | | Mud-01 | Mud-02 | Mud-03 | Mud-04 | Mud-05 | Mud-06 |
| 三环萜烷/藿烷 | | 0.60 | 4.58 | 0.34 | 2.23 | 0.79 | 1.14 |
| 烷基环己烷 | $\sum C_{20-}/\sum C_{20+}$ | 4.80 | 6.91 | 4.63 | 6.93 | 7.36 | 7.63 |
| 升藿烷 | $C_{31}/\sum C_{31\sim35}$ | 0.53 | 0.39 | 0.55 | 0.39 | / | 0.58 |
| 三环萜烷 | $C_{19}/C_{20}$ | 0.4 | 0.4 | 0.8 | 0.3 | 0.4 | / |
| | $C_{20}/C_{21}$ | 0.5 | 0.7 | 1.1 | 0.6 | 0.6 | / |
| | $C_{21}/C_{23}$ | 0.5 | 0.5 | 0.7 | 0.9 | 0.5 | / |

注：$TNR1=\dfrac{[2,3,6\text{-}TMN]}{[1,3,5\text{-}TMN]+[1,4,6\text{-}TIM]}$；$MPI1=\dfrac{1.5\times([2\text{-}MP]+[3\text{-}MP])}{[P]+[1\text{-}MP]+[9\text{-}MP]}$；

$MPDF1=\dfrac{[2\text{-}MP]+[3\text{-}MP]}{[1\text{-}MP]+[2\text{-}MP]+[3\text{-}MP]+[9\text{-}MP]}$；$MPR=\dfrac{[2\text{-}MP]}{[1\text{-}MP]}$；$MDR=\dfrac{[4\text{-}MDBT]}{[1\text{-}MDBT]}$；

$CPI(1)=2[(C_{23}+C_{25}+C_{27}+C_{29})]/[(C_{22}+C_{24}+C_{26}+C_{28})+(C_{24}+C_{26}+C_{28}+C_{30})]$；

$OEP(1)=[C_{21}+6C_{23}+C_{25}]/[4C_{22}+4C_{24}]$；$OEP(2)=[C_{25}+6C_{27}+C_{29}]/[4C_{26}+4C_{28}]$；

$OEP17=[C_{15}+6C_{17}+C_{19}]/[4C_{16}+4C_{18}]$；$OEP23=[C_{21}+6C_{23}+C_{25}]/[4C_{22}+4C_{24}]$。

### 6.3.1　饱和烃生物标志化合物

所有煤样和煤层顶板泥岩样品饱和烃 TIC 谱图上都出现明显的"鼓包"（图 6-2、图 6-3、图 6-4），这些未知复杂混合物（unresolved complex mixtures，UCMs）的出现，说明生物降解作用会对正构烷烃等饱和烃组分的相对组成产生显著影响（Wenger et al.，2002；Gola et al.，2013）。并且，生物降解作用还导致两类样品的正构烷烃峰型特征产生明显变化，甚至有的样品中正构烷烃仅有少量残余（Hostettler et al.，2002；Peters et al.，2005；刘全有 等，2007；Fabiańska et al.，2013）。因此，在分析物源组成、沉积环境和成熟度的过程中，某些判别指标的使用可能会受到一定限制。两类样品的正构烷烃分布范围都在 $nC_{15}\sim nC_{35}$ 之间。从表 6-3、表 6-4 和图 6-5 中可以看出，$nC_{20}\sim nC_{24}$ 正构烷烃的相对含量占有较大的优势，而 $nC_{31}\sim nC_{35}$ 的相对含量均不超过 10%。无论是煤样还是煤层顶板泥岩样品，正构烷烃总体上表现出以长链为主（蜡指数：$\sum C_{21-}/\sum C_{22+}<$ 1.0）。虽然 CPI(1)基本接近 1.0，没有明显的优势碳数，但是 OEP(1)<1，表现出一定的偶碳优势，OEP(2)>1，表现出明显的奇碳优势，短链和长链正构烷烃的来源可能不尽相同。此外，烷基环己烷和三环萜烷都表现出明显的奇碳优势。除了 C-08、C-09 和 Mud-05 样品的 Pr/Ph>1.0，其余样品 Pr/Ph<1.0，说明研究区煤和泥岩的沉积环境与典型的陆相成煤环境有明显的差异（Ahmed et al.，

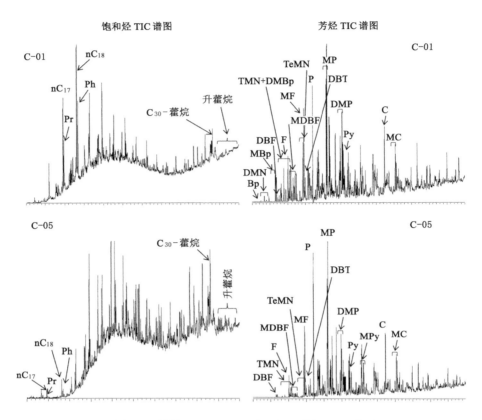

图 6-2　煤样 C-01 和 C-05 饱和烃和芳烃 TIC 谱图

1999；Kotarba et al.，2003；Piedad-Sánchez et al.，2004；Hakimi et al.，2014）。

　　规则甾烷系列化合物中，$C_{29}$ 甾烷相对含量最高，$C_{28}$ 甾烷次之，$C_{27}$ 甾烷相对含量最低。异构指数 20S/(20S＋20R) 远低于 1.0，显示出 $C_{29}$ 甾烷中 R 型占优。重排甾烷在所有样品中都有检出，但是重排甾烷/规则甾烷比值在煤样中变化范围为 0.03～0.29，在煤层顶板泥岩样品中变化范围为 0.07～0.37（异常样品 Mud-02：1.30），显示出沉积环境的一致性。

　　煤样和煤层顶板泥岩样品在 Ts/(Ts＋Tm) 上表现出一定的差异，煤样 Ts/(Ts＋Tm) 都低于或等于 0.50，而煤层顶板泥岩样品除个别样品外，Ts/(Ts＋Tm) 都稳定在 0.50 附近。升藿烷系列化合物随碳数的增加，相对含量逐渐降低，$C_{31}/\sum C_{31\sim35}$ 在煤样中变化范围为 0.38～1.00，在煤层顶板泥岩样品中变化范围为 0.39～0.58。C-01、C-04、C-05、C-07、Mud-01、Mud-05 和 Mud-06 样品中

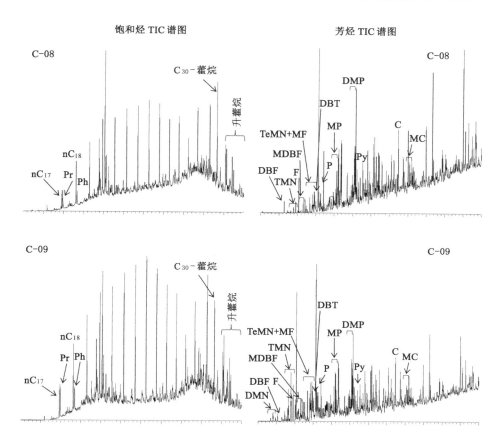

图 6-3 煤样 C-08 和 C-09 饱和烃和芳烃 TIC 谱图

较高分子量升藿烷同系物存在不同程度的缺失。此外,作为高盐度沉积环境的指标,伽马蜡烷在所有样品中均有检出,但丰度都较低。

### 6.3.2 芳烃生物标志化合物

芳烃 TIC 谱图的分布模式主要为前峰型(图 6-2、图 6-3 和图 6-4)。其中,萘、菲、䓛、联苯、芴、二苯并噻吩、二苯并呋喃、荧蒽＋芘和苯并荧蒽/苯并芘系列化合物均有检出(表 6-3、表 6-4)。这些组分中又以三芳环的菲系列化合物为主,煤样中其相对含量在 $32.3\% \sim 54.5\%$,平均为 $42.4\%$;泥岩样品中其相对含量在 $38.9\% \sim 55.0\%$,平均为 $49.0\%$。其次为䓛系列化合物,在煤样中其相对含量在 $8.4\% \sim 22.6\%$,平均为 $12.4\%$;在泥岩样品中其相对含量为 $10.3\% \sim 18.8\%$,平均为 $14.6\%$。煤和泥岩样品中芳烃组分相对含量如图 6-6 所示。

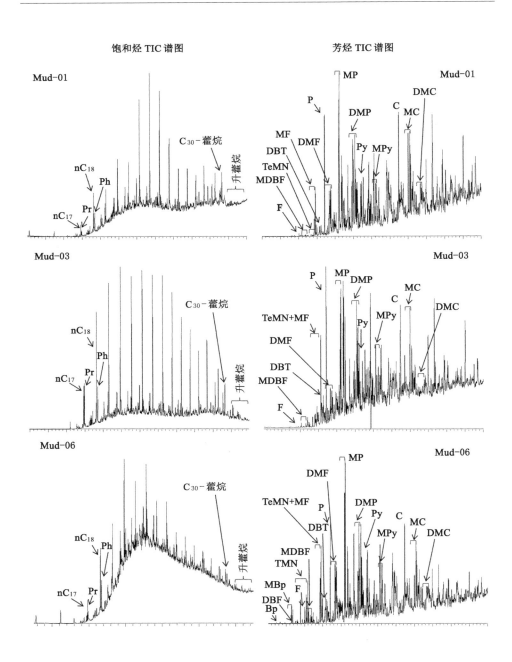

图 6-4　泥岩样品 Mud-01、Mud-03 和 Mud-06 饱和烃和芳烃 TIC 谱图

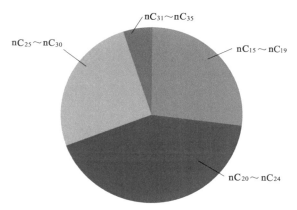

（a）煤样正构烷烃相对含量图

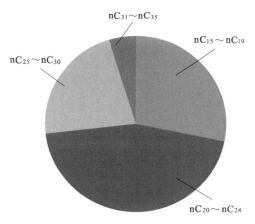

（b）泥岩样品正构烷烃相对含量图

图 6-5　煤和泥岩样品中正构烷烃相对含量图

　　萘系列化合物中,以三甲基萘和四甲基萘为主。萘、甲基萘和乙基萘含量较低,并且在个别样品中还有缺失。煤样中三甲基萘的含量普遍高于四甲基萘,而泥岩样品中三甲基萘和四甲基萘的相对含量变化较大。同时,萘系列化合物的含量要比菲系列化合物的含量低一个数量级。

　　菲系列化合物中,甲基菲的相对含量显著高于菲(煤样 MP/P:1.07~7.85;泥岩样品 MP/P:1.03~2.98)。2-甲基菲和 3-甲基菲的含量明显高于 1-甲基菲和 9-甲基菲。除 C-02、C-08 和 C-09 样品外,煤和泥岩样品的二甲基菲 DMP 含量略低于甲基菲 MP 含量。

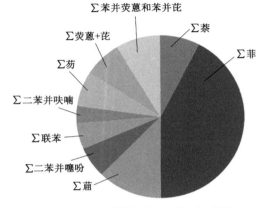

(a) 煤样中芳烃组分相对含量图

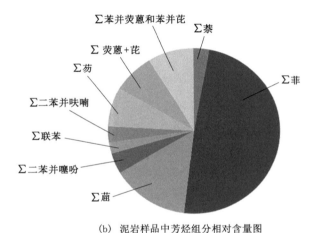

(b) 泥岩样品中芳烃组分相对含量图

图 6-6　煤和泥岩样品中芳烃组分相对含量图

芴、二苯并呋喃(氧芴)和二苯并噻吩(硫芴)的相对含量以芴稍占优势,二苯并噻吩次之,二苯并呋喃的含量最低。较低的二苯并噻吩含量(煤样平均为6.2%;泥岩样品平均为4.0%)与陆相沉积环境相一致。联苯系列化合物相对含量也偏低,煤样中平均含量仅为5.1%,泥岩样品中为2.1%。除个别样品外,不同煤和泥岩样品间䓛、荧蒽、苯并芘和苯并荧蒽系列化合物的相对含量都低于10%。

## 6.4　沉积环境、物源组成和成熟度特征

从图 6-7 中可以看出,淮北煤田含煤地层中煤和泥岩可能都存在不同程度的生物降解,有的样品甚至遭受了较强的生物降解。因此,在进行沉积环境、物源组成和成熟度分析过程中,相关参数可能无法反映原始的地球化学信息,使用时需要格外谨慎,并结合相关地质演化背景和研究区已有的研究成果。

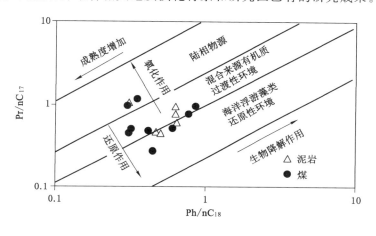

图 6-7　$Ph/nC_{18}$-$Pr/nC_{17}$ 关系图

(Shanmugam,1985;Farhaduzzaman et al.,2013)

### 6.4.1　沉积环境

淮北煤田位于古华北板块东南缘石炭、二叠系含煤地层,是一套主要由海陆交互沉积和过渡相组成的沉积岩系(韩树棻 等,1993;程爱国 等,1990;宋立军等,2004)。含煤地层的发育始于陆棚浅海、形成了下部碳酸盐台地沉积体系和堡岛沉积体系,之后经历了滨岸带到以河流作用为主的建设性浅水三角洲沉积体系,二叠纪晚期转为破坏性三角洲沉积序列,最后发育成冲积平原,形成一个完整的聚煤期(韩树棻 等,1993;程炬,2012)。

姥鲛烷和植烷作为重要的类异戊二烯烃组分,常被用来作为反映母质的类型和演化环境的重要生物标志物。研究区煤样和泥岩样品中姥鲛烷和植烷含量并不高,并且较低的姥植比(Pr/Ph)与典型氧化条件下陆源有机质的输入还有明显的差异。而且,较低的 $Pr/nC_{17}$ 和 $Ph/nC_{18}$ 也不是显著的氧化环境的体现(Huang et al.,1979;Piedad-Sánchez et al.,2004;Romero-Sarmiento et al.,

2011；Alias et al.，2012）。根据图 6-7 可以发现,煤样和泥岩样品都落在氧化环境和还原环境的重合带,这与海陆交互相的沉积体系是一致的。

与沉积环境相关的生物标志物还有三芴系列化合物:芴（$\sum F$）、硫芴（$\sum SF$）和氧芴（$\sum OF$）。海相高盐沉积环境一般具有明显的硫芴优势,而陆相环境中芴的相对含量更高（王培荣 等,1996）。然而,前人的研究也表明（李水福 等,2008）,芴-硫芴-氧芴系列化合物的相对含量三角图（图 6-8）并不能很好地对一些过渡性的沉积环境进行有效的区分。很显然,研究区的沉积环境特征也无法通过该图确定。

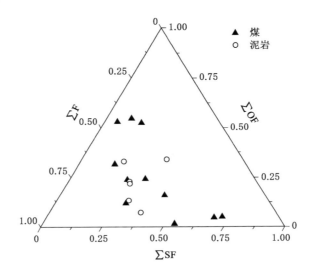

图 6-8　芴-硫芴-氧芴相对含量三角图

因此,有学者尝试采用不同环境下典型生物标志化合物的比值对一些过渡性环境进行区分,例如硫芴/氧芴、二苯并噻吩/菲和伽马蜡烷指数等（Hughes,1995；Hakimi et al.,2014）。根据图 6-9 可以看出,研究区沉积环境应该是弱氧化-弱还原的过渡性沉积环境,这与前人通过沉积相分析的认识一致,即淮北煤田含煤地层是一套由海陆交互沉积和过渡相组成的沉积岩系（韩树棻 等,1993；程爱国 等,1990）。

伽马蜡烷作为指示盐度的生物标志物（张文俊 等,2012；Peters et al.,2005）,在研究区内虽然含量不高,但在所有样品中都有检出。这也反映出研究区含煤地层的沉积环境并非一个典型的陆相氧化环境。根据伽马蜡烷指数和姥

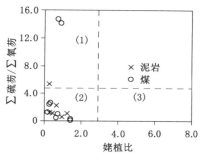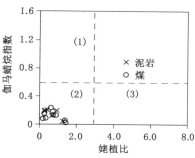

（a）姥植比（Pr/Ph）与硫芴/氧芴关系图　　（b）姥植比（Pr/Ph）与伽马蜡烷指数关系图

图 6-9　姥植比-硫芴/氧芴和姥植比-伽马蜡烷指数关系图

注：（1）强还原性环境；（2）弱氧化-弱还原环境；（3）强氧化环境。

植比（Pr/Ph）作图［图 6-9（b）］，也可以发现研究区沉积环境为弱氧化-弱还原环境。

　　此外，Hakimi 等（2014）还认为，升藿烷系列化合物的分布模式也能够反映沉积环境，高分子同系物 $C_{35}$ 升藿烷含量高可能指示了较强的还原性沉积环境。而淮北煤田含煤地层中升藿烷系列化合物以 $C_{31}$ 升藿烷为主（表 6-5），且随着碳数的增加，升藿烷系列高分子同系物的相对含量逐渐降低，反映出该盆地含煤地层沉积过程中具有一定的氧化条件。因此，淮北煤田含煤地层的沉积环境应该是海陆交互作用下弱氧化-弱还原的过渡性沉积环境。

### 6.4.2　物源组成

　　煤和泥岩样品的正构烷烃蜡指数（$\sum C_{21-} / \sum C_{22+}$）变化范围较大，煤样为 0.24～2.81，泥岩样品为 0.30～1.33，说明物源组成较复杂（Fabiańska et al.，2013；Gola et al.，2013）。两类样品碳优势指数（CPI）都接近 1.0，类似的低 CPI 特征的煤有机质在以往研究中也有发现（Papanicolaou et al.，2000；Havelcová et al.，2012），这可能与原始母质的角质层中脂肪酸含量低有关（Fabiańska et al.，2013）。奇偶优势比 OEP(1)≤1，显示短链正构烷烃可能有明显的低等植物的输入，而 OEP(2)≥1，则又说明长链正构烷烃主要来自高等植物。

　　Peters 等（1993）认为，Pr/Ph＞3.0 可能指示了氧化环境下陆源有机质的输入，而 Pr/Ph＜0.6 则可能是高盐还原性环境下海相物源输入的标志。本研究中煤和泥岩样品 Pr/Ph 的分布特征明显反映了混合来源的物源组成（表 6-5、表 6-6）。$Pr/nC_{17}$ 和 $Ph/nC_{18}$ 除了能反映沉积环境之外，还能提供物源组成方面的信息。从

图 6-7 可以看出,煤和泥岩样品有机质组成为过渡性环境下的混合来源,既有高等植物输入,也有低等植物输入。

高含量的 $C_{29}$ 规则甾烷意味着高等植物的输入在煤和泥岩样品中都占有优势(Huang et al.,1979;Moldowan et al.,1985;Gola et al.,2013)。从 $C_{27}$-$C_{28}$-$C_{29}$ 规则甾烷相对含量三角图中(图 6-10)可以看出,煤和泥岩样品都位于开放性海洋、陆地和河口港湾环境的重叠区域,也说明物源组成应该是一个混合来源。

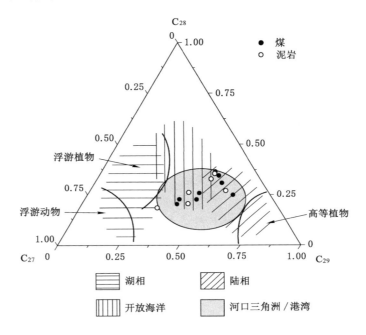

图 6-10　$C_{27}$-$C_{28}$-$C_{29}$ 规则甾烷相对含量三角关系图

此外,三环萜烷也可以指示物源。一般认为三环萜烷 $C_{21}$>$C_{23}$ 指示陆源沉积,而 $C_{21}$<$C_{23}$ 则指示海相沉积(王培荣 等,1996)。因此,根据表 6-5、表 6-6,本研究中煤和泥岩样品均有明显的海相物源输入。已有研究还表明(Moldowan et al.,1985),藿烷/甾烷比值能够反映海相陆相有机质组成特征,通过图 6-11 可以看出,淮北煤田含煤地层煤和泥岩也应该是一个混合来源的有机质组成。煤和泥岩样品饱芳比非常低,芳烃显然是族组成中更为主要的组分。菲、荧蒽、芘、苯并荧蒽和苯并芘系列化合物在所有样品中都有比较稳定的分布,说明研究区煤和泥岩中陆相高等植物的输入仍然是重要的组成部分(王传远 等,2007;薛春纪 等,2007;胡守志 等,2010)。

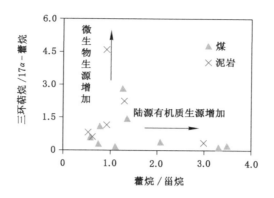

图 6-11　三环萜烷、藿烷和甾烷比值关系图

前期关于煤和泥岩生烃特征的研究也表明（Wang et al.，2014；Li et al.，2015），研究区物源是一个以 III 型干酪根为主的混合来源的物源组成。相比之下，生物标志化合物各类参数虽然也显示出陆源有机质占优势，但并不明显，造成这一现象的原因很有可能是有机质热演化后期遭受了微生物的降解作用。考虑到可抽提组分的量很少，且遭受了不同程度的降解，应用生物标志化合物参数对煤和泥岩有机质物源组成进行分析过程中需要格外谨慎，尤其是在生物标志化合物遭受明显降解的情况下，有些参数只能作为参考。

### 6.4.3　成熟度特征

表征有机质成熟度的指标有很多，例如镜质组反射率（$R_o$）、最大热解温度（$T_{max}$）和各种生物标志化合物参数（表 6-5、表 6-6）。前期对镜质组反射率（$R_o$）和最大热解温度（$T_{max}$）的实验结果表明（Li et al.，2015），淮北煤田各矿区煤和泥岩有机质均达到成熟-过成熟阶段。

生物标志化合物也能够提供有机质成熟度方面的信息。例如 CPI、$C_{29}$ 甾烷异构指数 20S/（20S＋20R）和 $\alpha\beta\beta$/（$\alpha\alpha\alpha$＋$\alpha\beta\beta$）、升藿烷异构指数 22S/（22S＋22R）、Ts/（Ts＋Tm）、MPI、MPR、TNR 和 MDR 等（Radke，1988；Kotarba et al.，2003；Peters et al.，2005；Hakimi et al.，2014）。但是，考虑到不同的生物降解程度，这些成熟度参数应该有选择地使用。

研究表明（Brooks et al.，1969；Ahmed et al.，1999；Kotarba et al.，2003），煤系中碳优势指数（CPI）、奇偶优势比（OEP）和姥植比（Pr/Ph）随成熟度的增加接近于 1.0。根据表 6-5、表 6-6 可以看出，淮北煤田含煤地层煤和泥岩样品都达到了较高的热成熟度，这与根据岩石热解实验得出的结论是一致的（Li et al.，2015）。

升霍烷系列化合物异构指数 22S/(22S＋22R)基本都接近 0.60,显示煤和泥岩有机质已经成熟(Seifert et al.,1986;Hakimi et al.,2014)。芳烃 TIC 谱图以前峰型为主,也说明煤和泥岩样品均达到较高的成熟度(李林强 等,2005)。甲基菲指数 MPI 及依据该指数计算的镜质组反射率($R_o$)总体上显示煤和泥岩样品都已经达到成熟,虽然与实测镜质组反射率($R_o$)相比仍存在一定的误差。以甲基菲和二苯并噻吩计算的成熟度指标 MPDF 和 MDR 与甲基菲指数 MPI 具有较好的相关性,说明 MPDF 和 MDR 也能够较好地反映成熟度,同时也表明二苯并噻吩系列化合物没有遭受明显的微生物降解。

此外,煤和泥岩样品的 $Ts/(Ts＋Tm)$ 以及 $C_{29}$甾烷异构指数 20S/(20S＋20R)、$\alpha\beta\beta/(\alpha\alpha\alpha＋\alpha\beta\beta)$ 和 $\alpha\alpha\alpha S/(\alpha\alpha\alpha S＋\alpha\alpha\alpha R)$ 等参数大部分已经不能作为成熟度的指标。以芳烃组分菲系列为依据计算的成熟度指标 TNR 与其他成熟度指标相关性很差,也明显失去了判识有机质成熟度的功能,本研究煤和泥岩样品芳烃组分中萘系列化合物可能遭受了较强的生物降解,有必要对成熟度参数的有效性进行识别。

芳烃相关的参数是成熟度的良好指示剂。Peters 等(2005)指出,随着热演化程度的增高($R_o＞0.9\%$),1-MN 会发生重排,导致 2-MN 的相对丰度的增加,1,8-DMN相对其他二甲基萘含量会下降,低稳定性的 1-MP、9MP 会向高稳定性的2-MP、3-MP 转化(图 6-12)。据 Li 等(2017)研究结果,淮北煤田 $R_o$ 值分布范围为0.96%～2.54%,揭示了煤岩成熟度处于成熟-过成熟阶段,与 F 指数图解(图 6-13;蒙炳坤 等,2021)揭示的结果是一致的。因此,甲基菲指数 F 能较好地反映成熟度。Radke 等(1994)和 Adedosu 等(2010)指出,二苯并噻吩异构体也能揭示成熟度,4-MDBT/1-MDBT 对高成熟-过成熟有机质具有良好的指示。鉴于甲基菲指数F 对揭示有机质成熟度的有效性,对其他成熟度参数进行拟合发现 MDR、MPR 与F 存在强烈的正相关关系(图 6-14)。因此,这两个指数可以作为成熟度的参照标准。甲基菲指数 MPI 及依据该指数计算的 $R_o$ 值总体上显示煤和泥岩样品都已经达到成熟,但是与实测 $R_o$ 存在较明显的差异。考虑到 MPI1、MPI2 与 F 的线性关系较弱(图 6-14),利用该参数指示成熟度时要谨慎。此外,通过线性拟合发现Ts、Tm、MDR 和 TNR 4 个参数与 F 并无明显线性关系,表明与这些参数相关的化合物可能受到了微生物的降解。因此,这 4 个参数不能用来反映淮北煤田煤岩有机质的成熟度。

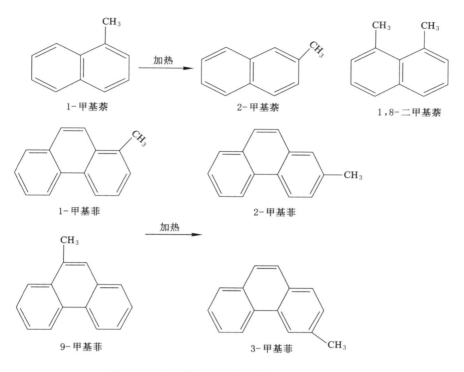

图 6-12　烷基萘和烷基菲在热解过程中的演化

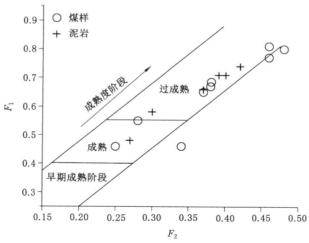

图 6-13　利用 $F_1$ 和 $F_2$ 识别有机质的成熟度阶段

（根据蒙炳坤 等，2021修改）

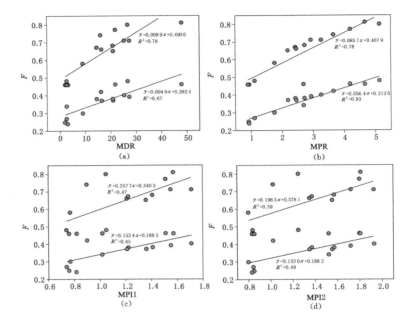

图 6-14　成熟度参数 $F$ 分别与 MDR、MPR、MPI1 和 MPI2 线性关系图

# 6.5　煤和泥岩生物降解特征

对生物标志化合物微生物降解程度的研究,首先应该通过对比各类化合物的色谱质谱谱图,结合各类生物标志物丰度检出特征,进行生物降解的定性分析。其次,选定一个抗生物降解能力强的内标化合物作为标尺,通过将各类生物标志物与内标化合物进行对比,分析不同化合物的降解程度(Bragg et al.,1994;Venosa et al.,1996;Peters et al.,2005;Formolo et al.,2008;Gao et al.,2013)。微生物降解程度以微生物降解指数(BI)表达,降解程度越高则微生物降解指数越大:

$$微生物降解指数(BI)=\sum C_{30} \text{藿烷} / \sum 目标生物标志化合物 \quad (6\text{-}1)$$

通过对所有样品的色谱质谱谱图进行分析可以发现,$C_{30}$藿烷的相对丰度在不同样品间变化很大,并不适宜作为评价生物降解程度的内标化合物,而芳烃组分中的菲、芘、荧蒽、苯并芘和苯并荧蒽系列化合物的相对含量比较稳定。因此,借鉴前人的研究成果(Wang et al.,1995;Lee et al.,1997;郭利果,2009),本研究采用相对含量较高且比较稳定的菲作为评价不同样品间不同系列生物标志物降解程度的内标化合物,计算得到的微生物降解指数见表 6-7 和表 6-8。

表 6-7　淮北煤田煤样饱和烃和芳烃组分生物降解指数表

| 参数 | 濉萧矿区 | | 临涣矿区 | | | | | 宿州矿区 | |
|---|---|---|---|---|---|---|---|---|---|
| 位置 | C-01 | C-02 | C-03 | C-04 | C-05 | C-06 | C-07 | C-08 | C-09 |
| | ST315 | YZ517 | HZ1035 | LH1044 | LH797 | HZ932-1 | HZ932-2 | LL842 | LL829 |
| 降解等级 | 4~5级 | 4~5级 | 2~3级 | 2~3级 | 4~5级 | 2~3级 | 3~4级 | 1~2级 | 0~1级 |
| $Pr/nC_{17}$ | 0.51 | 0.19 | 0.76 | 0.50 | 0.27 | 0.47 | 0.95 | 0.97 | 1.17 |
| $Ph/nC_{18}$ | 0.60 | 0.52 | 0.77 | 0.32 | 0.45 | 0.42 | 0.86 | 0.30 | 0.35 |
| $\sum nC_{15} \sim nC_{19}$ | 13.74 | 57.58 | 0.97 | 5.53 | 76.84 | 3.09 | 6.61 | 1.45 | 0.98 |
| $\sum nC_{20} \sim nC_{24}$ | 27.47 | 4.81 | 1.95 | 0.69 | 13.60 | 1.10 | 13.22 | 0.44 | 0.43 |
| $\sum nC_{25} \sim nC_{30}$ | 68.68 | 7.03 | 3.90 | 2.08 | 23.07 | 1.65 | 19.83 | 0.62 | 0.61 |
| $\sum nC_{31} \sim nC_{35}$ | 261.00 | 36.37 | 7.79 | 15.91 | 70.59 | 8.82 | 42.97 | 6.28 | 9.84 |
| $\sum$类异戊二烯 | 4.40 | 38.70 | 0.19 | 9.00 | 68.08 | 1.52 | 1.07 | 0.76 | 0.67 |
| $\sum$烷基环己烷 | 27.47 | 1.23 | 0.97 | 4.84 | 10.38 | 3.09 | 6.61 | 2.13 | 2.21 |
| $\sum$三环萜烷 | 233.53 | 39.08 | 13.64 | 74.71 | 249.65 | 9.93 | 92.55 | 7.14 | 15.62 |
| $\sum$DMN | 5.32 | 0 | 67.52 | 2.55 | 232.19 | 34.54 | 3.06 | 86.19 | 2.01 |
| $\sum$TMN | 0.89 | 102.09 | 13.48 | 0.72 | 10.85 | 2.96 | 9.54 | 1.31 | 0.22 |
| $\sum$TeMN | 3.27 | 4.38 | 16.45 | 3.67 | 15.09 | 5.75 | 49.21 | 0.42 | 0.25 |
| $\sum$P | 0.41 | 11.21 | 0.70 | 0.39 | 0.29 | 0.32 | 0.45 | 0.82 | 0.98 |
| $\sum$MP | 0.15 | 1.43 | 0.37 | 0.15 | 0.17 | 0.16 | 0.42 | 0.29 | 0.31 |
| $\sum$DMP | 0.21 | 0.38 | 1.41 | 0.18 | 0.31 | 0.22 | 2.48 | 0.23 | 0.23 |
| $\sum$TMP | 0.88 | 0.58 | 14.55 | 0.78 | 2.06 | 0.86 | 21.05 | 0.51 | 0.55 |
| $\sum$C | 1.00 | 1.00 | 1.00 | 1.00 | 1.00 | 1.00 | 1.00 | 1.00 | 1.00 |
| $\sum$MC | 0.67 | 1.02 | 1.42 | 0.56 | 0.80 | 0.63 | 1.63 | 1.11 | 1.09 |
| $\sum$DMC | 1.01 | 0.80 | 7.66 | 0.82 | 1.54 | 1.05 | 9.04 | 1.38 | 1.34 |
| $\sum$DBT | 3.73 | 44.58 | 0.70 | 4.64 | 2.85 | 4.85 | 0.89 | 33.37 | 21.62 |

表 6-7（续）

| 参数 | 濉萧矿区 | | | 临涣矿区 | | | | 宿州矿区 | |
|---|---|---|---|---|---|---|---|---|---|
| | C-01 | C-02 | C-03 | C-04 | C-05 | C-06 | C-07 | C-08 | C-09 |
| $\sum$MDBT | 2.30 | 15.82 | 0.97 | 0.81 | 1.67 | 2.25 | 1.38 | 14.22 | 18.30 |
| $\sum$EDBT | 103.28 | 435.10 | 187.91 | 59.50 | 81.39 | 79.09 | 331.54 | 79.41 | 190.23 |
| $\sum$DMDBT | 3.49 | 13.22 | 2.96 | 1.68 | 2.46 | 2.44 | 4.79 | 7.81 | 13.35 |
| $\sum$TMDBT | 13.00 | 35.15 | 35.74 | 7.09 | 12.55 | 8.89 | 54.06 | 21.35 | 95.16 |
| $\sum$Bp | 38.89 | 0 | 39.27 | 35.65 | 2 023.73 | 394.42 | 0.57 | 0 | 89.92 |
| $\sum$MBp | 31.36 | 0 | 4.21 | 1.86 | 11.00 | 9.82 | 0.75 | 108.81 | 10.27 |
| $\sum$EBp | 31.36 | 0 | 324.43 | 24.34 | 105.48 | 109.09 | 180.88 | 485.82 | 64.39 |
| $\sum$DMBp | 0.66 | 269.57 | 4.87 | 0.77 | 1.90 | 1.88 | 2.98 | 4.91 | 1.59 |
| $\sum$DBF | 6.90 | 0 | 20.57 | 15.16 | 77.92 | 39.87 | 21.85 | 40.75 | 8.19 |
| $\sum$MDBF | 1.05 | 249.34 | 13.64 | 1.93 | 5.27 | 2.49 | 19.23 | 3.60 | 1.85 |
| $\sum$TMDBF | 0.82 | 14.69 | 12.73 | 0.87 | 2.57 | 1.32 | 23.17 | 1.46 | 0.76 |
| $\sum$F | 1.39 | 529.45 | 2.89 | 2.66 | 2.59 | 3.94 | 2.33 | 25.25 | 2.90 |
| $\sum$MF | 0.62 | 39.58 | 2.77 | 0.78 | 0.77 | 0.94 | 3.76 | 4.33 | 1.53 |
| $\sum$DMF | 0.62 | 6.35 | 4.88 | 0.65 | 0.79 | 0.78 | 9.57 | 2.98 | 1.87 |
| $\sum$Py | 2.23 | 1.66 | 1.50 | 1.87 | 1.96 | 2.02 | 2.65 | 1.32 | 1.52 |
| $\sum$MPy | 1.29 | 1.24 | 2.13 | 1.18 | 1.79 | 1.14 | 3.96 | 0.80 | 0.88 |
| $\sum$Fl | 4.12 | 4.40 | 2.05 | 4.00 | 2.53 | 3.59 | 3.83 | 2.82 | 2.92 |
| $\sum$BFl | 2.56 | 1.32 | 1.17 | 2.81 | 2.14 | 2.55 | 0 | 1.01 | 1.21 |
| $\sum$BPy | 1.03 | 0.38 | 1.23 | 1.08 | 1.46 | 0.89 | 1.95 | 0.47 | 0.60 |

表 6-8　淮北煤田泥岩样品饱和烃和芳烃组分生物降解指数表

| 参数 | 濉萧矿区 | 临涣矿区 | | | 宿州矿区 | |
|---|---|---|---|---|---|---|
| | Mud-01 | Mud-02 | Mud-03 | Mud-04 | Mud-05 | Mud-06 |
| 位置 | ST315 顶板 | LH797 顶板 | HZ1035 顶板 | LH1044 顶板 | QN716 顶板 | LL842 顶板 |
| 降解等级 | 4～5 级 | 2～3 级 | 0～1 级 | 2～3 级 | 4～5 级 | 4～5 级 |
| $Pr/nC_{17}$ | 0.77 | 0.46 | 0.95 | 0.60 | 1.05 | 0.44 |
| $Ph/nC_{18}$ | 0.63 | 0.47 | 0.63 | 0.64 | 0.31 | 0.50 |
| $\sum nC_{15} \sim nC_{19}$ | 65.18 | 0.44 | 2.46 | 1.44 | 17.84 | 19.77 |
| $\sum nC_{20} \sim nC_{24}$ | 8.15 | 0.87 | 1.06 | 1.44 | 11.89 | 9.89 |
| $\sum nC_{25} \sim nC_{30}$ | 24.44 | 0.87 | 1.41 | 4.31 | 23.78 | 19.77 |
| $\sum nC_{31} \sim nC_{35}$ | 260.73 | 3.06 | 17.25 | 15.82 | 89.18 | 59.32 |
| $\sum$ 类异戊二烯 | 30.49 | 0.12 | 1.13 | 0.56 | 4.77 | 9.34 |
| $\sum$ 烷基环己烷 | 32.59 | 0.44 | 2.82 | 1.44 | 11.89 | 19.77 |
| $\sum$ 三环萜烷 | 285.17 | 4.37 | 51.75 | 28.76 | 112.96 | 257.03 |
| $\sum DMN$ | 112.04 | 8.31 | 1 435.78 | 452.20 | 177.64 | 24.11 |
| $\sum TMN$ | 23.29 | 0.71 | 17.46 | 13.79 | 5.27 | 2.69 |
| $\sum TeMN$ | 20.23 | 1.19 | 1.07 | 9.42 | 6.02 | 7.12 |
| $\sum PeMN$ | 188.29 | 19.43 | 3.07 | 66.88 | 146.19 | 0 |
| $\sum P$ | 0.58 | 0.23 | 0.47 | 0.43 | 0.35 | 0.56 |
| $\sum MP$ | 0.23 | 0.16 | 0.21 | 0.41 | 0.17 | 0.19 |
| $\sum DMP$ | 0.26 | 0.21 | 0.24 | 0.78 | 0.21 | 0.20 |
| $\sum TMP$ | 0.92 | 0.61 | 0.64 | 3.70 | 0.69 | 0.87 |
| $\sum C$ | 1.00 | 1.00 | 1.00 | 1.00 | 1.00 | 1.00 |
| $\sum MC$ | 0.55 | 0.65 | 0.89 | 0.79 | 0.58 | 0.57 |
| $\sum DMC$ | 0.71 | 0.92 | 1.24 | 1.81 | 0.80 | 0.91 |
| $\sum DBT$ | 9.95 | 2.92 | 7.57 | 4.65 | 5.60 | 8.73 |
| $\sum MDBT$ | 2.70 | 2.97 | 3.92 | 4.94 | 2.64 | 1.96 |
| $\sum EDBT$ | 70.45 | 112.19 | 85.72 | 169.31 | 91.52 | 63.47 |
| $\sum DMDBT$ | 2.30 | 3.05 | 3.81 | 6.37 | 2.45 | 1.58 |
| $\sum TMDBT$ | 7.56 | 8.76 | 11.87 | 25.76 | 7.84 | 6.37 |
| $\sum Bp$ | 2 495.73 | 171.75 | 10 283.42 | 4 603.86 | 904.05 | 38.08 |
| $\sum MBp$ | 131.89 | 2.77 | 5 626.07 | 50.62 | 24.94 | 2.74 |
| $\sum EBp$ | 830.07 | 40.76 | 5 626.07 | 333.66 | 180.43 | 37.61 |
| $\sum DMBp$ | 15.78 | 0.89 | 22.51 | 7.61 | 2.76 | 0.95 |
| $\sum DBF$ | 650.16 | 2.44 | 2 087.09 | 19.65 | 52.64 | 18.85 |

表 6-8（续）

| 参数 | 濉萧矿区 | 临涣矿区 | | | 宿州矿区 | |
|---|---|---|---|---|---|---|
| | Mud-01 | Mud-02 | Mud-03 | Mud-04 | Mud-05 | Mud-06 |
| $\sum$MDBF | 31.79 | 1.19 | 7.65 | 10.39 | 3.18 | 3.10 |
| $\sum$DMDBF | 6.09 | 1.20 | 1.69 | 7.77 | 1.47 | 1.19 |
| $\sum$F | 31.46 | 2.04 | 195.89 | 3.71 | 6.16 | 4.71 |
| $\sum$MF | 2.00 | 0.98 | 6.85 | 2.11 | 1.21 | 0.91 |
| $\sum$DMF | 0.98 | 0.62 | 1.96 | 2.16 | 0.76 | 0.63 |
| $\sum$Py | 1.52 | 1.75 | 1.48 | 1.80 | 2.02 | 1.64 |
| $\sum$MPy | 1.11 | 0.89 | 0.87 | 1.64 | 1.17 | 1.12 |
| $\sum$Fl | 2.19 | 1.77 | 2.24 | 1.80 | 3.60 | 2.93 |
| $\sum$BFl | 1.68 | 1.55 | 1.48 | 1.07 | 2.62 | 2.04 |
| $\sum$BPy | 0.70 | 0.73 | 0.73 | 0.49 | 0.93 | 1.31 |

注：

Pr/Ph＝姥鲛烷/植烷     C：䓛     DBF：二苯并呋喃

Pr/nC$_{17}$＝姥鲛烷/nC$_{17}$     MC：甲基䓛     MDBF：甲基二苯并呋喃

Ph/nC$_{18}$＝植烷/nC$_{18}$     DMC：二甲基䓛     DMDBF：二甲基二苯并呋喃

DMN：二甲基萘     DBT：二苯并噻吩     TMDBF：三甲基二苯并呋喃

TMN：三甲基萘     MDBT：甲基二苯并噻吩     F：芴

TeMN：四甲基萘     EDBT：乙基二苯并噻吩     MF：甲基芴

PeMN：五甲基萘     DMDBT：二甲基二苯并噻吩     DMF：二甲基芴

P：菲     TMDBT：三甲基二苯并噻吩     Py：芘

MP：甲基菲     Bp：联苯     MPy：甲基芘

DMP：二甲基菲     MBp：甲基联苯     BPy：苯并芘

TMP：三甲基菲     EBp：乙基联苯     Fl：荧蒽

    DMBp：二甲基联苯     BFl：苯并荧蒽

    由于不同样品间微生物降解程度差异较大，本研究选取一个遭受降解的程度较弱的样品（C-09）作为标准，对所有煤样品进行了标准化处理（图 6-15）。标准化处理有两方面的考虑：① 不同样品之间的降解程度的对比。在样品少的情况下，可以直接判断不同样品间的降解程度，但是在样品多的情况下，如果没有一个标准，不同样品之间的降解程度要进行对比是十分困难的。② 同一样品中不同生物标志物之间降解特征的对比。在降解程度差异较大的情况下，仅仅通过选定的内标生物标志物与不同生物标志物的对比，仍无法确定不同生物标志

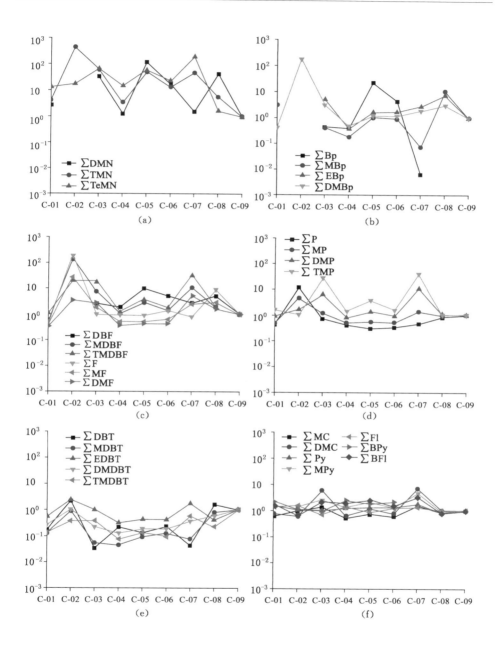

图 6-15　淮北煤田煤样品芳烃组分降解特征图

物之间降解程度的差异。

当然,进行生物降解程度的比较还有一个非常重要的前提,那就是要排除成熟度以及物源组成的差异对样品本身生物标志物组成的影响。通过相关性分析发现,所选的参数与成熟度($R_o$)和物源参数(CPI、OEP)的相关系数都比较低。因此,应该基本可以排除这两个方面对所选微生物降解指数的影响。

### 6.5.1 饱和烃生物降解特征

煤和泥岩样品正构烷烃总离子流谱图(TIC)分布特征和明显的未知复杂混合物 UCMs“鼓包”都暗示微生物降解作用的存在(附图1~附图8)。并且,随着微生物降解程度的增加,饱和烃 TIC 谱图上的“鼓包”逐渐增大(Wenger et al.,2002)。Tissot 等(1984)认为碳数在13~18的正构烷烃主要来自浮游生物,而 $nC_{19} \sim nC_{24}$ 正构烷烃主要来源于细菌,高等植物为主的有机质中富 $nC_{25} \sim nC_{35}$ 的正构烷烃。淮北煤田无论是煤岩还是泥岩,都以 $nC_{20} \sim nC_{24}$ 的正构烷烃占优,应该与微生物的活动有一定关系。

结合饱和烃相关谱图的分析和前人对生物降解程度的划分标准(Wenger et al.,2002;Peters et al.,2005),研究区煤和泥岩样品遭受微生物降解的程度可以分为3类:Mud-03、C-09 和 C-08 样品正构烷烃 TIC 谱图基本保持完整,显然未遭受降解或者仅遭受较弱的降解,为轻微降解程度;Mud-02、Mud-04、C-03、C-04、C-06 和 C-07 的正构烷烃遭受明显的降解,类异戊二烯烃未遭受降解或仅遭受微弱降解,为中等降解程度;Mud-01、Mud-05、Mud-06、C-01、C-02 和 C-05 样品遭受的降解较强,仅残留少量正构烷烃,类异戊二烯烃遭受明显的生物降解,降解程度较高。

传统的观点认为(Ahmed et al.,1999;Peters et al.,2005;Gao et al.,2013),短链正构烷烃要优先于长链正构烷烃遭受降解。但是,也有研究认为(Bechtel et al.,2002;Hostettler et al.,2002;刘全有 等,2007;Fabiańska et al.,2013),微生物优先对长链正构烷烃进行降解。对研究区第二类中等降解程度的样品分析发现,$nC_{18}$ 以后的正构烷烃随着碳数的增加,峰强度逐渐降低,表现出的应该是长链正构烷烃优先降解。第三类受到较强降解的样品,类异戊二烯降解明显,但仍有部分正构烷烃残留。

根据 $m/z$ 217 谱图(附图1~附图8)和表6-5可以看出,与前两类样品甾烷系列的谱图特征比较类似,第三类强烈降解样品的 $C_{27}$、$C_{28}$ 和 $C_{29}$ 甾烷系列化合物均以 $\alpha\alpha\alpha$20R 型为主,显然也没有遭受明显的降解。这说明根据 Wenger 等(2002)和 Peters 等(2005)对生物降解等级的划分,淮北煤田即使降解程度最强的样品也没有超过 5 级。

从 $m/z$ 191 谱图上可以看出(附图 1~附图 8),C-01、C-05、C-07 和 Mud-01 等几个样品升藿烷系列化合物中部分高分子同系物有缺失。考虑到甾烷系列化合物并未遭受降解,且并未检测到 25-降藿烷,升藿烷高分子同系物有缺失似乎是氧化作用的结果,而非升藿烷系列化合物遭受了降解(Peters et al.,2005;Hakimi et al.,2014)。

根据图 6-15 可以看出,标准化处理后,不同煤样品饱和烃的降解程度与根据 Peters 等(2005)建立的降解序列得出的降解程度结论十分相似,C-04、C-03、C-06 和 C-07 样品遭受明显的生物降解,C-02 和 C-05 样品遭受较强的降解,唯一的区别是 C-01 样品的降解程度表现得更为强烈。总体上看,烷基环己烷的降解程度没有类异戊二烯烃明显。泥岩样品中 Mud-01、Mud-05 和 Mud-06 遭受的降解程度较为强烈,而 Mud-02、Mud-03 和 Mud-04 遭受的降解程度较弱(表 6-8)。总体上看,泥岩和煤样饱和烃的降解特征没有明显的差别,均表现出正构烷烃先于类异戊二烯烃遭受降解。

### 6.5.2　芳烃生物降解特征

微生物的降解作用对原油的化学组成和油品有重要的影响,相关的研究工作很早就已经开始(Venosa et al.,1996;Pezeshki et al.,2000;Das et al.,2011),但是主要关注饱和烃组分的变化,微生物对芳烃的降解特征认识还较为薄弱(卢鸿 等,2004;倪春华 等,2008;Pezeshki et al.,2000),而关于煤有机质的降解特征的研究就更少(Ahmed et al.,1999,2001;Formolo et al.,2008;Gao et al.,2013)。但是,煤中芳烃组分的含量显著高于饱和烃的含量(Gola et al.,2013;Hakimi et al.,2014),因此,对煤有机质中芳烃组分降解特征的研究就更需要重视。

根据芳烃 TIC 图谱(附图 9~附图 16)和各芳烃组分的相对含量特征(表 6-3、表 6-4)可以发现,研究区煤和泥岩样品芳烃组分均以前峰型为主,且两类样品的 TIC 谱图分布特征没有太大差异。这种峰型特征除了显示所有煤和泥岩样品均具有较高成熟度之外(李林强 等,2005),也表明芳烃组分受到的生物降解作用可能并不是很强烈(胡守志 等,2010)。

根据图 6-15 可以看出,萘、菲、联苯、二苯并呋喃和芴等系列化合物的降解指数在不同样品中具有一定的差异,说明这几类化合物可能遭受了一定程度的降解。而不同样品中二苯并噻吩、蒀、苊、荧蒽、苯并芘和苯并荧蒽等系列化合物的降解指数变化不大,说明这些化合物未遭受明显的降解。同时,还可以看出,由于䓛含量稳定,其作为内标化合物来评价各类生标化合物组分的降解特征是可行的。

### 6.5.2.1 萘系列

从芳烃 TIC 谱图上可以看出(附图 9～附图 16),萘系列化合物以三甲基萘、四甲基萘为主,萘、甲基萘、乙基萘以及二甲基萘的峰强度都很弱,可能遭受了较强的降解。三甲基萘成熟度指标 TNR 失效应该说明三甲基萘也遭受了明显的生物降解,而三甲基萘的降解指数反映出的不同样品的降解程度与根据饱和烃降解特征得出的结论基本一致。不同降解程度样品中四甲基萘的降解指数差别不大(图 6-15),说明其遭受的降解可能很弱。因此,萘系列化合物中,萘、甲基萘、乙基萘、二甲基萘和三甲基萘均遭受不同程度的生物降解,四甲基萘的降解程度较弱。这符合萘系列化合物随着甲基数量的增加,其抗生物降解的能力逐渐增强这一传统的认识。根据 Peters 等(2005)的分级标准和萘系列化合物的降解特征,宿州矿区煤系有机质的降解级别应超过了 4;其中,在煤样 C-02、C-03、C-05、C-06、C-08 和泥岩样品 Mud-01、Mud-03、Mud-05 中,甚至 DMN 都被消除完,其降解级别应该超过了 5。Nádudvari 等(2016)指出,$2-MN/1-MN$ 越低,水洗程度越高。煤样 C-02 萘系列化合物几乎被消耗完,仅残余少量的 TeMN,除了生物降解之外,它还可能经历了强烈的水洗过程。

### 6.5.2.2 菲系列

菲系列化合物是芳烃组分中相对含量最大的一类化合物。TIC 谱图上(附图 9～附图 16)并没有发现菲系列化合物有明显的缺失。考虑到甲基菲指数(MPI)在一定程度上仍然能够反映成熟度特征,甲基菲遭受降解的程度应该不高。在图 6-15(d)中,C-02 的菲和甲基菲遭受了稍显著的生物降解,其余样品则均未表现出明显的降解。但是,C-03、C-05 和 C-07 三个样品中二甲基菲和三甲基菲遭受的降解似乎更为强烈。与萘系列化合物的抗生物降解能力的规律不同,本研究中菲系列化合物随着碳数的增加,其抗生物降解能力变弱。Formolo 等(2008)和 Gao 等(2013)也曾发现微生物对煤有机质中菲系列化合物的选择性降解并不遵循与萘系列化合物一致的规律。然而,样品 C-08 和 C-09 的烷基菲生物降解指数随取代基数目的增多而减小。并且,该两个样品中的 P、MP、DMP 峰高依次增加。这两个样品菲系列化合物的生物降解敏感性顺序与萘系列是相似的。

整体上,泥岩中菲类的稳定性是高于煤样中的。根据表 6-8,烷基菲生物降解指数普遍很低,表明其几乎未遭受到生物的降解。这可能是由岩性差异造成的(Gao et al.,2013)。相比于萘类化合物,菲类化合物具有更强的抗生物降解能力。这是因为在芳香族化合物中,生物降解敏感性随芳香环数与取代基数目的增加而降低(Peters et al.,2005;Lu et al.,2011;Kiamarsi et al.,2019)。鉴于样品中菲系列化合物的稳定性,菲系列相关的生物标志化合物参数作为有机质来源、成熟度的识别指标是相对可靠的。

### 6.5.2.3　联苯及"三芴"系列

三芴系列化合物(芴、二苯并呋喃和二苯并噻吩)中,二苯并噻吩最为稳定。无论是芳烃 TIC 谱图上(附图 9~附图 16),还是降解指数(BI)上,不同样品间二苯并噻吩系列都没有表现出明显的差异(表 6-7、表 6-8)。并且,以甲基二苯并噻吩为依据计算的成熟度指标 MDR 与 MPI 等具有较好的相关性。可见,二苯并噻吩系列化合物并未遭受明显的生物降解。然而,不同样品间芴和二苯并呋喃系列化合物的含量变化范围较大(附图 9~附图 16)。其中,C-02 和 C-07两个样品均表现出较明显的降解[图 6-15(c)]。并且,该样品中联苯系列化合物仅检出二甲基联苯,其余化合物都缺失,说明其可能遭受了较强的降解。

联苯系列遭到了不同程度的生物降解,甚至出现了缺失的情况。大部分样品的 Bp 被消耗完,MBp、DBp 峰型保存也较差。样品 Mud-01 和 Mud-03 中甚至 MBp 几乎也被消耗完。根据 Peters 等(2005)的划分标准,这两个样品的降解等级达到了 7 级。不管是根据生物降解指数,还是 TIC 谱图,联苯及"三芴"系列的生物降解程度都大于菲系列化合物,表明其生物降解敏感性高于菲系列化合物。

总体上看,芳烃组分的生物降解程度较弱。萘系列遭受较明显的降解,菲、芴、联苯和二苯并呋喃系列在个别样品中可能遭受了一定的降解,而䓛、芘、荧蒽、苯并芘和苯并荧蒽系列具有较高的抗降解能力,未遭受微生物的降解。

# 6.6　煤中生物降解敏感性序列

本研究发现,煤有机质中生物标志化合物的降解特征与石油是存在差异的。在石油的生物标志化合物降解序列中,正构烷烃的生物降解过程似乎与细菌的嗜好有关。比如,$C_3$ 和 $C_8$~$C_{12}$ 的生物降解敏感性大于 $C_6$~$C_8$ 及 $C_{12}$~$C_{15}$;当碳数小于 6 或大于 15 时,其敏感性相对较低(Peters et al.,2005)。我们的研究发现,煤或泥岩中长链烷烃(C>20)较中链烷烃(碳数 15~20)的生物降解敏感性更强。对于多环芳烃,煤与石油中的生物降解敏感性顺序大致是相似的,都体现为抗生物降解能力随着环数的增加而增加(Kiamarsi et al.,2019)。Ismail 等(2013)指出,石油中正构烷烃先于芳香烃降解。但是,我们的研究表明,萘系列的生物降解敏感性似乎比正构烷烃系列强得多。不管是从生物降解指数来看,还是从峰型的保存情况来看,萘系列化合物的生物降解敏感性都远远强于正构烷烃。实际上,控制生物降解过程的因素有很多,首先,温度、盐度、地压、pH值、营养盐等外部条件会制约细菌的菌群结构和活性;其次,受体的粒度、岩性等物性条件同样会制约微生物的扩散和迁移,从而影响其对受体的改造过程。因此,有必要通过进一步的系统研究,建立煤有机质中生物标志化合物的生物降解序列。

尽管煤有机质与石油中生物标志化合物的生物降解特征存在一些差异,要想对煤有机质的生物降解程度进行判别,在当前阶段仍然需要借鉴 Peters 等(2005)建立的生物标志物的生物降解序列。根据 Peters 等(2005)对生物降解程度的划分标准,样品 Mud-03、C-09 和 C-08 中,正构烷烃的峰型保存较完整,其仅遭受较弱的降解,为 0～1 级轻微降解程度;样品 Mud-04、Mud-02、C-04、C-03、C-06、C-07 和 C-01 的正构烷烃遭受明显的生物降解,类异戊二烯烃未遭受降解或仅遭受微弱降解,为 2～3 级中等生物降解程度;样品 Mud-01、Mud-05、Mud-06、C-02 和 C-05 遭受的降解较强,仅残留少量正构烷烃,类异戊二烯烃遭受明显的生物降解,生物降解程度达到 4～5 级。

相比于饱和烃,芳烃组分受生物降解的程度似乎更大,尤其以萘系列化合物的缺失最为明显。其中,所有煤和泥岩样品中的甲基萘几乎均被消耗完毕,其降解程度都达到了"严重"级别。通过 TIC 图对比发现,宿州矿区煤岩样品 C-01、C-04、C-07、C-08、C-09 和泥岩样品 M-02、M-04、M-06 的甲基萘被消耗完,但二甲基萘仍有检出,其降解级别为 4～5 级;C-02、C-03、C-05、C-06 和 Mud-05 样品的二甲基缺失,但三甲基仍有检出,降解级别为 5～7 级;M-01、M-03 两个泥岩样品的三甲基萘和联苯几乎被消耗完,其降解级别达到了 7 级(Peters et al.,2005)。

当然,关于煤系有机质生物降解序列的研究十分薄弱,以不同的化合物作为生物降解程度的判别标准,会得出不同的结果。以淮北煤田为例,当饱和烃作为判别标准时,其降解程度最多可达 4～5 级;而当芳烃作为判别标准时,其降解程度却能达到 5～7 级。

## 6.7 气源岩对煤层气富集的控制作用

对于不同成因类型的煤层气,其生成和富集条件不尽相同。热成因气的生成主要与热演化程度有关,而生物成因气的生成受制于诸多与地表相关的因素。但是,作为形成煤层气的物质基础,气源岩的有机地球化学组成特征与煤层气的形成关系密切。气源岩的赋存规模、有机质类型、生源组成特征、显微组分特征、成熟度条件和生烃潜能等都是影响煤层气形成的重要因素(丁安娜 等,2003;Li et al.,2015)。此外,母质的生物标志化合物特征与煤层气的形成也存在一定的内在联系。已有研究表明,以产气为主的Ⅲ型干酪根是良好的母质类型(韩树棻等,1993;郭泽清 等,2006;Wang et al.,2014;Li et al.,2015)。

通过对饱和烃和芳烃的生物降解特征分析可以发现,饱和烃中正构烷烃和类异戊二烯烃存在不同程度的降解。一方面,与石油的降解类似,微生物优先对正构烷烃进行降解。另一方面,尽管芳烃组分遭受的生物降解程度并不强烈,但是显然在正构烷烃组分完全消失之前就已经开始,这与微生物对石油的降解的选择性有明显的不同(Ahmed et al.,1999,2001;Peters et al.,2005;Formolo et al.,2008;Furmann et al.,2013;Gao et al.,2013)。

生物降解过程与生物气的生成是密不可分的。芳烃在降解过程中可能会出现甲基化、羟基化和羧化反应(Straˌpoc′ et al.,2021;Campbell et al.,2021)。因此,大分子量的烃类在特殊菌种的作用下会被降解为含有特殊官能团[如—COOH;图 6-16(a)]的小分子有机组分,以便为产甲烷菌所消耗,从而生成甲烷。例如,十六烷在乙酸菌的作用下降解为乙酸、二氧化碳及氢气,随后,在产甲烷菌的作用下生成了 $CH_4$[图 6-16(b);Peters et al.,2005]。除饱和烃外,芳烃类的生物降解过程也能为生物气的产生提供必要的物质基础。Kadri 等(2017)指出,多环芳烃在木质素真菌的降解作用下会发生氧化转化为醌类,部分醌类会进一步降解为酸类和二氧化碳。例如,蒽在细菌的有氧降解下转化为蒽醌,蒽醌会进一步降解为邻苯二甲酸及 $CO_2$;同样的,菲在细菌的作用下,会被降解为联苯酸和 $CO_2$,$CO_2$ 则会进一步被 $H_2$ 还原生成 $CH_4$[图 6-17(a)]。除了有氧降解之外,Campbell 等(2021)指出,在厌氧情况下,萘、菲、芘、乙苯、苯酚和苯甲酸等芳香物或芳香化合物会被特定的细菌类降解为低分子化合物以及 $CO_2$ 和 $H_2$,最后在产甲烷菌的作用下生成 $CH_4$[图 6-17(b)]。Lloyd 等(2021)研究发现,甲氧基在脱甲基作用下会发生同位素分馏,使残余的甲氧基富含[13]C。脱离的甲基

会与羧基结合生成醋酸,从而为产甲烷作用提供原料:

$$R—O—CH_3+CO_2+H_2 \longrightarrow R—OH+CH_3COOH \tag{6-2}$$

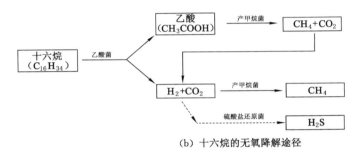

（a）环己烷的有氧降解途径

（b）十六烷的无氧降解途径

图 6-16　环己烷的有氧降解途径和十六烷的无氧降解途径

（根据 Peters,2005 修改）

煤中有机质的生物降解程度有效性制约着微生物成因甲烷的生成规模(Shelton et al.,2016)。Li 等(2015)的研究结果表明,淮北煤田各矿区的热成因气均受到了微生物的改造作用。在濉萧矿区,其 $CH_4$ 碳同位素组成低至 $-75.5‰$,表明该矿区微生物活动的信号是非常强的。煤系地层水水化学特征表明,煤层水受到过古大气降水的补给 (Li et al.,2016),从而为煤层注入了菌类和营养盐。这些微生物会对含煤地层中的有机化合物进行降解,为含煤地层中次生生物成因煤层气的形成提供了有利的条件(Schlegel et al.,2011;Gao et al.,2013;Bao et al.,2014)。

淮北煤田宿州矿区的 C-08 和 C-09 样品遭受的微生物降解程度很低,而濉萧矿区和临涣矿区的其余煤样都遭受不同程度的降解。但是,前期煤层气地球化学特征的研究表明,宿州矿区生物成因煤层气资源最为丰富、临涣矿区中等、濉萧矿区最差(Li et al.,2015)。造成这种差异的原因可能有 3 个:① 宿州矿区煤层顶板的泥岩样品 Mud-05 和 Mud-06 遭受了较为明显的生物降解。泥岩的微生物降解形成的生物成因气很有可能对宿州矿区的生物成因煤层气资源有较为明显的补充。② 3 个矿区煤层的封闭性不同。濉萧矿区和临涣矿区煤样遭受明显的生物降解,理论上说明两个矿区应该有较为丰富的煤层气资源。但是,

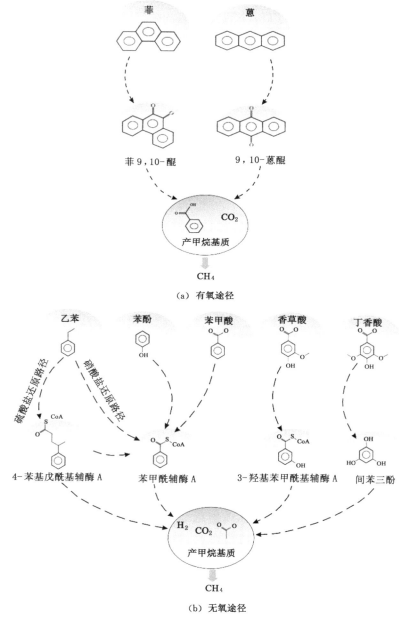

图 6-17　微生物通过有氧途径和无氧途径将 PAHs 降解为甲烷的过程

（Kadri et al.,2017；Campbell et al.,2021）

注:虚线表示微生物对化合物的分解。

前期研究还表明(Li et al.,2015),这两个矿区煤层气的逸散现象更为明显,并持续至今。因此,地质历史时期虽然形成了大量的生物成因煤层气,但是由于这两个矿区煤层的封闭性不好,大量煤层气沿着裂隙逸散到大气中,从而不能形成具有开采价值的煤层气富集区。③ 微生物对煤等沉积有机质的降解并不一定以甲烷为最终产物。Furmann 等(2013)的研究表明,不同的微生物种类,其降解产物并不完全一致。由此可见,煤系有机质生物降解程度的高低与生物成因气的形成不一定是耦合的。即使在地质历史时期形成过大量生物成因气,也可能由于煤储层的封闭性较差等原因而逸散,从而无法形成具有一定规模的生物成因煤层气富集区。微生物的菌群群落组成特征和煤层封闭性的好坏等都会影响到生物成因气的生成和富集,并且与煤层邻近的富有机质泥岩的生物降解也可以产生数量可观的生物成因气,并对生物成因气的资源有较大的贡献。

# 6.8 本章小结

淮北煤田煤和泥岩样品的可抽提物的丰度分别为 1.14% 和 0.11%。二者的生物标志物族组成差异不大,各组分含量特征为:非烃和沥青质>芳烃>饱和烃,且两类样品的饱芳比都低于 1.0。

本研究煤和泥岩样品中正构烷烃的分布范围都在 $nC_{15} \sim nC_{35}$,蜡指数 ($\sum C_{21-} / \sum C_{22+}$)多小于 1.0,峰型特征为双峰型和前单峰型。CPI 在 1.0 左右,OEP(2)>1。与典型的陆相含煤地层相比,本研究多数样品姥植比(Pr/Ph)偏低(<2.0)。规则甾烷以 $C_{29}$ 甾烷含量最高。重排甾烷/规则甾烷均不大于 0.3。所有样品中均有伽马蜡烷的检出。芳烃总离子流(TIC)谱图的分布模式主要为前峰型,菲系列化合物相对含量最高,是芳烃中最主要的组分。三芴(芴、二苯并呋喃和二苯并噻吩)系列化合物中以芴系列化合物稍占优势。芘、荧蒽、苯并芘和苯并荧蒽系列化合物含量差别不大,且比较稳定,平均都低于 10%。

淮北煤田主要含煤地层形成于弱氧化-弱还原性的过渡性环境,姥植比、三芴系列化合物组成特征以及伽马蜡烷指数等参数均显示符合海陆交互沉积的沉积环境特点。物源组成方面为混合来源,以陆源有机质输入稍占优势,兼有海相有机质的输入。成熟度方面,芳烃谱图特征、甲基菲指数和升藿烷异构指数等都显示煤和泥岩有机质达到了成熟-过成熟阶段。对淮北煤田与成熟度相关的参数分析表明,MDR、MPR、F 可作为相对有效的成熟度参数,这些参数显示煤岩成熟度处于成熟-过成熟阶段;由于受到生物降解作用的影响,TNR、MNR、Ts、

Tm 等参数在本研究中不能作为有效的成熟度参数。

根据饱和烃和芳烃的降解特征,本研究中煤和泥岩样品可以分为 3 类:弱降解样品、中等程度降解样品和强烈降解样品,显示出生物降解的不均一性。泥岩和煤样在微生物降解方面没有表现出明显的差异。与石油的降解类似,微生物优先降解饱和烃中的正构烷烃,进而降解类异戊二烯。但是与石油中不同的是,在煤和泥岩样品中,芳烃组分的降解虽然不是很强烈,但明显是在正构烷烃还没有完全消失之前就已经开始。通过选用抗生物降解能力较强的䓛作为内标化合物,可以有效地对不同生物标志物的生物降解程度进行判别。而在样品数量多、降解程度差异较大的情况下,以未降解或者弱降解样品作为标准,对不同降解程度的样品进行标准化处理,可以更加有效地对降解程度进行区分。正构烷烃的降解顺序为由长链到短链,芳烃的降解顺序为从低分子量到高分子量。萘受到了强烈的生物降解;联苯、氧芴的降解规模大于菲系列;菲、硫芴几乎未受到生物降解。基于饱和烃生物降解程度分析,淮北煤田煤系沉积有机质的生物降解级别可达 4～5 级;基于芳烃的生物降解程度分析,淮北煤田生物降解级别可达5～7 级。

气源岩中有机质生物降解是生物成因煤层气形成的必要条件,但是有机质较高的降解程度并不意味着有大量生物成因气的富集。除了产甲烷菌,硫酸盐还原菌等微生物也会降解有机质,但并不生成甲烷。如果保存条件较差,即使有大量的生物成因煤层气生成,也很难形成具有开采价值的煤层气富集区。此外,与煤层邻近的富有机质泥岩的生物降解也可以产生规模可观的生物成因气,从而对含煤地层中煤层气资源有较大的补充。

# 第7章 结 论

本书在系统调研国内外相关文献的基础上,围绕煤层气成因机理这一科学问题,选取淮北煤田宿东向斜、宿南向斜和盘州煤田土城向斜为研究对象,从煤层气地球化学特征、地层水化学特征以及气源岩的有机地球化学特征3个方面对煤层气的成因机理及其形成的地球化学过程进行研究,查明了研究区煤层气的成因类型及形成途径,分析了地层水对生物成因煤层气形成的控制作用,初步阐明了气源岩生物标志化合物的降解特征及其与煤层气生成的内在联系。

## 7.1 主要结论

### 7.1.1 含煤地层煤和泥岩生烃特征

淮北煤田煤岩和煤系泥岩的有机质含量都比较高,有机质类型以Ⅲ型干酪根为主。岩石热解实验显示,煤岩和煤系泥岩液态烃转化率都非常低(HC<10 mg/g),二者都应该是以产气为主的良好烃源岩。考虑到含煤地层总厚度超过1 300 m,且有机质成熟度已达到成熟、过成熟阶段,处于产气高峰,因此,需要对煤系泥岩等沉积岩层中生成和保存的甲烷资源量进行科学的评价。

### 7.1.2 煤层气成因及其地球化学特征

淮北煤田成煤后期含煤地层遭受了强烈的改造,煤层气的形成机制和赋存规律相对复杂,并且不同煤矿区的煤层气资源前景也不尽相同。热成因气和生物成因气在研究区内各个煤矿区都有赋存,并存在不同程度的混合。按照不同成因类型煤层气从沉积中心向外可分为热成因煤层气赋存区、混合成因煤层气赋存区、次生生物气赋存区。按照垂向,从上到下可分为煤层气氧化区、次生生物气赋存区、混合成因气赋存区和热成因气赋存区。

濉萧矿区煤层气在后期的运移和逸散现象可能一直持续至今,因此煤层气资源前景最差,其资源规模主要取决于深部残余热成因气的赋存状况;临涣矿区煤层气资源前景为中等水平,其煤层气以热成因气为主,但是煤层气的逸散损耗不利于其保存,次生生物气的补充也能够增加煤层气的资源量;宿州矿区煤层气为混合成因气,煤层气的逸散在上述 3 个矿区中最不明显,说明其保存条件最好,且大规模的次生生物气的补充又进一步增加了煤层气的资源规模,因此该矿区煤层气资源前景最好。

盘州煤田土城向斜煤层气来源于热降解气和次生生物气的混合物,热降解气比例为 72.4%～79.2%,次生生物气比例为 20.8%～27.6%。次生生物气的生成途径是 $CO_2$ 还原。不同构造演化阶段($P\sim T_1$;$T_2\sim K_2$;$K_3\sim Q$)煤层气的成因类型和成藏过程不同。在 $P\sim T_1$ 阶段,煤级较低($R_o<0.5\%$),生成了大量的原生生物气;$T_2\sim K_2$ 阶段主要表现为原生生物气的消失和热成因气的生成,当煤级达到肥煤阶段时,热成因气的富集达到高峰;在 $K_3\sim Q$ 阶段,热成因气经历了微生物的改造。

### 7.1.3　地层水化学特征与次生生物气的生成

淮北煤田宿州矿区各含水层的水质基本为偏碱性水体。新生界含水层以 Ca-Mg-Cl-$SO_4$ 型为主;灰岩含水层中 Ca-Mg-Cl-$SO_4$ 型和 Na-(K)-$HCO_3$-(Cl) 型的水都有赋存;煤系含水层水质类型最为复杂,但以 Na-(K)-$HCO_3$-(Cl) 型为主;煤层气井产出水主要来源于煤系含水层,其水质比较稳定,以 Na-$HCO_3$ 型为主。新生界含水层和灰岩含水层中膏盐、芒硝类蒸发岩的溶解贡献了额外的 $Ca^{2+}$ 和 $Mg^{2+}$,而煤系含水层水中额外补充的 $HCO_3^-$ 可能来源于煤有机质热演化、微生物降解或者有机质矿化形成的 $CO_2$ 溶解。此外,煤系含水层水和煤层气井产出水中[$Na^++K^+$]/[$Ca^{2+}+Mg^{2+}$]比值过高,这类水体直接排放会对地表土壤和水体等产生不利影响。

研究区不同类型含水层的水化学组成均受硅酸盐岩、碳酸盐岩和蒸发岩的溶解控制。新生界含水层和灰岩含水层的水化学组成可能主要受硅酸盐岩和蒸发岩溶解的控制,煤系含水层中,蒸发岩对水化学组成的贡献占有优势,碳酸盐岩的贡献可能非常微弱。此外,各类含水层中还存在明显的离子交换、矿物析出等水岩交换反应。

研究区各类含水层分别受到古大气降水或现代大气降水的补给,而古大气降水的注入为研究区煤系地层中次生生物成因煤层气的生成提供了先决条件。部分煤系含水层中较高的甲烷浓度、较高的溶解无机碳含量和明显偏重的 DIC、DOC 碳同位素组成等都是产甲烷菌群强烈新陈代谢活动和生物成因甲烷生成的有力证据。并且,研究区生物成因甲烷的生成途径以 $CO_2$ 还原作用为主。

古大气降水注入后,协同原有煤系含水层为煤层气富集区的形成提供了一个有利的封闭环境。产甲烷菌等微生物由古大气降水携带并接种到煤系含水层之后,沿着煤体裂隙结构在煤层中迁移和繁衍,并生成大量生物成因甲烷,在原有热成因煤层气基础上,形成生物成因和热成因煤层气的混合富集区,其规模取决于微生物的迁移能力和原有热成因气的赋存状况。在埋藏较深地区和煤系地层与地下水接触地带可能分别有热成因气和生物成因气的富集区。

盘州煤田土城向斜煤层气伴生水的水质类型为 Na-Cl 型,水溶质主要受蒸发岩和硅酸盐岩溶解的控制。煤层气伴生水为煤层水和大气降水的混合物。特殊的水文地球化学特征,包括硫酸盐还原、偏重的 $\delta^{13}$C-DIC 值、地层水氢同位素氚漂移以及 DIC 和 $CO_2$ 之间的碳同位素分馏,证实了次生生物成因气的存在。煤层气伴生水中 DIC 转化为 $CH_4$ 的比例为 4.9%～24.5%,生物成因甲烷的产率可达 0.104 $m^3/t$,平均为 0.039 $m^3/t$。

### 7.1.4 生物标志化合物组成与微生物降解特征

淮北煤田主要含煤地层形成于弱氧化-弱还原性的过渡性环境,姥植比、三芴系列化合物组成特征以及伽马蜡烷指数等参数均显示符合海陆交互沉积的沉积环境特点。物源组成方面为混合来源,以陆源有机质输入稍占优势,兼有海相有机质的输入。成熟度方面,芳烃谱图特征、甲基菲指数和升藿烷异构指数等都显示煤和泥岩有机质达到了成熟-过成熟阶段。

根据生物标志化合物的降解特征,本研究中煤和泥岩样品可以分为弱降解、中等程度降解和强烈降解 3 类,显示出生物降解的不均一性。与石油的降解类似,微生物优先降解饱和烃中的正构烷烃,进而降解类异戊二烯。但是与石油中不同的是,芳烃组分的降解虽然不是很强烈,但明显在正构烷烃还没有完全消失之前就已经开始。具体而言,正构烷烃的降解顺序为由长链到短链,而芳烃的降解顺序为从低分子量到高分子量。基于饱和烃生物降解程度分析,淮北煤田煤系沉积有机质的生物降解级别可达 4～5 级;基于芳烃的生物降解程度分析,其生物降解级别可达 5～7 级。选用抗生物降解能力较强的菌作为内标化合物,可以有效地对不同生物标志物的生物降解程度进行判别。在样品数量多、降解程度差异较大的情况下,以未降解或者弱降解样品作为标准,对不同降解程度的样品进行标准化处理,可以更加有效地对降解程度进行区分。

含煤地层中煤有机质的生物降解是生物成因煤层气形成的必要条件。然而,有机质较高的降解程度并不意味着有大量生物成因气的富集。例如硫酸盐还原菌和铁还原菌等微生物也通过降解有机质获取能量,但最终产物并不是甲烷。如果保存条件较差,即使有大量生物成因煤层气生成,也很难形成具有开采价值的煤层气富集区。此外,产甲烷菌等微生物对于煤层邻近的富有机质泥岩的生物降解也可以生成生物成因气,从而对含煤地层中煤层气资源有较大的补充。当然,次生生物气的保存还受到构造裂隙发育程度与煤层气保存条件等客观因素的影响。

## 7.2　问题与展望

煤层气样品采集的方式和保存方法多样,但是对不同方法之间的差异性和不同样品保存的时效性并没有进行深入分析。以排水法收集煤层气样品为例,仅仅采用饱和 NaCl 溶液会导致二氧化碳和重烃组分在分子组成和同位素组成方面的变化,这很有可能会影响到对煤层气成因类型的判识,今后需要建立统一的采样规范和采样标准。

产甲烷菌是一个复杂的微生物群落,包含多个种属,而且生物气的形成是多种微生物协同作用的结果,某一微生物的新陈代谢产物很有可能是另一种微生物赖以生存的主要基质。但是,对微生物降解有机质生成生物成因甲烷的分子学机制和影响因素认识不够深入,相关的实验模拟工作也刚刚起步,从微生物层面和有机分子层面开展进一步研究,对深刻了解其形成机理和形成过程十分必要。

作为一种清洁能源,煤层气资源丰富,并且市场需求巨大。一方面,煤层气成因机理的研究,本身就对煤层气的勘探开发具有重要的指导意义。另一方面,在搞清楚生物气形成的控制因素等前提下,向含煤地层注入特定的基质和微生物菌群,通过控制各种理化条件,促进微生物降解煤有机质产气,可以极大地提高煤层气井单井产能,延长煤层气井的开采周期。

与农业生物质秸秆沼气化利用相比,煤炭是一种碳密度更高的有机质,进行原煤的微生物降解产气开发,具有一定的成本优势。2020 年,我国煤炭产量突破 40 亿 t,通过产甲烷菌等微生物对原煤进行降解,并把所生成的微生物甲烷回收利用,将对优化煤炭利用方式、提高煤炭的利用效率和减少污染物排放等方面都具有重要的意义。

# 参 考 文 献

陈建平,邓春萍,王汇彤,等,2006.中国西北侏罗纪煤系显微组分热解油生物标志物特征及其意义[J].地球化学,35(2):141-150.

陈陆望,殷晓曦,陈园平,2013a.采动影响下矿区深部地下水循环氢氧稳定同位素示踪[J].地理与地理信息科学,29(2):85-90.

陈陆望,殷晓曦,桂和荣,等,2013b.矿区深部含水层水-岩作用的同位素与水化学示踪分析[J].地质学报,87(7):1021-1030.

陈义才,沈忠民,罗小平,2007.石油与天然气有机地球化学[M].北京:科学出版社:88-114.

程爱国,江汉铨,1990.两淮煤田石炭二叠纪成煤环境类型及其演化[J].煤田地质与勘探,18(3):1-7.

程克明,王铁冠,钟宁宁,等,1995.烃源岩地球化学[M].北京:科学出版社:83-102.

程克明,熊英,曾晓明,等,2002.吐哈盆地煤成烃研究[J].石油学报,23(4):13-17.

程烜,2012.南华北盆地二叠系地层特征与页岩气勘探前景分析[D].北京:中国地质大学(北京).

戴金星,戴春森,宋岩,等,1994.中国东部无机成因的二氧化碳气藏及其特征[J].中国海上油气(地质),8(4):215-222.

戴金星,石昕,卫延召,2001.无机成因油气论和无机成因的气田(藏)概略[J].石油学报,22(6):5-10.

戴金星,夏新宇,秦胜飞,等,2003.中国有机烷烃气碳同位素系列倒转的成因[J].石油与天然气地质,24(1):1-6.

丁安娜,王明明,李本亮,等,2003.生物气的形成机理及源岩的地球化学特征:以柴达木盆地生物气为例[J].天然气地球科学,14(5):402-407.

窦新钊,姜波,秦勇,等,2012.黔西盘县地区煤层气成藏的构造控制[J].高校地质学报,18(3):447-452.

段利江,唐书恒,刘洪林,等,2007.晋城地区煤层甲烷碳同位素特征及成因探讨

[J].煤炭学报,32(11):1142-1146.

傅家谟,刘德汉,盛国英,1990.煤成烃地球化学[M].北京:科学出版社.

桂和荣,2005.皖北矿区地下水水文地球化学特征及判别模式研究[D].合肥:中国科学技术大学.

郭利果,2009.原油中不同生物标志物的生物降解性及其在评价溢油海岸线生物修复效果中的应用研究[D].青岛:中国海洋大学.

郭泽清,李本亮,曾富英,等,2006.生物气分布特征和成藏条件[J].天然气地球科学,17(3):407-413.

韩贵琳,刘丛强,2005.贵州喀斯特地区河流的研究:碳酸盐岩溶解控制的水文地球化学特征[J].地球科学进展,20(4):394-406.

韩树棻,朱彬,齐文凯,1993.淮北地区浅层煤成气的形成条件及资源评价[M].北京:地质出版社.

侯泉林,刘庆,李俊,等,2007.大别山晚中生代剪切带特征及年代学制约[J].地质科学,42(1):114-123.

侯泉林,武昱东,吴福元,等,2008.大别-苏鲁造山带在朝鲜半岛可能的构造表现[J].地质通报,27(10):1659-1666.

胡国艺,刘顺生,李景明,等,2001.沁水盆地晋城地区煤层气成因[J].石油与天然气地质,22(4):319-321.

胡守志,李水福,何生,等,2010.泌阳凹陷西部原油芳烃组成特征及意义[J].西南石油大学学报(自然科学版),32(3):30-34.

黄第藩,卢双舫,1999.煤成油地球化学研究现状与展望[J].地学前缘,6(增刊):183-194.

黄文辉,1999.淮北煤田上石盒子组层序特征及煤层气评价[J].中国煤田地质,11(1):39-41.

姜波,秦勇,范炳恒,等,2001.淮北地区煤储层物性及煤层气勘探前景[J].中国矿业大学学报,30(5):11-15.

琚宜文,李清光,颜志丰,等,2014.煤层气成因类型及其地球化学研究进展[J].煤炭学报,39(5):806-815.

琚宜文,王桂梁,2002.淮北宿临矿区构造特征及演化[J].辽宁工程技术大学学报(自然科学版),21(3):286-289.

琚宜文,卫明明,侯泉林,等,2010.华北含煤盆地构造分异与深部煤炭资源就位模式[J].煤炭学报,35(9):1501-1505.

琚宜文,卫明明,薛传东,2011.华北盆山演化对深部煤与煤层气赋存的制约[J].中国矿业大学学报,40(3):390-398.

兰昌益,1989.两淮煤田石炭二叠纪含煤岩系沉积特征及沉积环境[J].淮南矿业学院学报(3):9-22.

李林强,林壬子,2005.利用芳烃化合物研究东濮凹陷西斜坡地区原油成熟度[J].沉积学报,23(2):361-366.

李水福,何生,2008.原油芳烃中三芴系列化合物的环境指示作用[J].地球化学,37(1):45-50.

林小云,蒋伟,陈倩岚,2011.南华北地区二叠系烃源岩生烃潜力评价[J].石油天然气学报,33(6):1-5.

刘全有,刘文汇,2007.塔里木盆地煤岩生物降解的生物标志化合物证据[J].石油学报,28(1):50-53.

刘文汇,徐永昌,1999.煤型气碳同位素演化二阶段分馏模式及机理[J].地球化学,28(4):359-366.

卢鸿,彭平安,徐兴友,等,2004.济阳拗陷特殊生物降解油的初步研究[J].沉积学报,22(4):694-699.

卢双舫,赵锡嘏,王子文,等,1996.煤成烃生成和运移的模拟实验:芳烃产物的特征及其意义[J].石油学报,17(1):47-53.

马安来,张水昌,张大江,等,2005.生物降解原油地球化学研究新进展[J].地球科学进展,20(4):449-454.

蒙炳坤,周世新,李靖,等,2021.柴达木盆地西北部原油芳烃分子标志化合物分布特征及意义[J].天然气地球科学,32(5):738-753.

倪春华,包建平,顾忆,2008.生物降解作用对芳烃生物标志物参数的影响研究[J].石油实验地质,30(4):386-389.

倪春华,包建平,王鹏辉,等,2005.生物降解原油的油源对比研究新进展[J].新疆石油地质,26(6):711-714.

秦胜飞,唐修义,宋岩,等,2006.煤层甲烷碳同位素分布特征及分馏机理[J].中国科学 D 辑 地球科学,36(12):1092-1097.

屈争辉,姜波,汪吉林,等,2008.淮北地区构造演化及其对煤与瓦斯的控制作用[J].中国煤炭地质,20(10):34-37.

沈忠民,罗小平,刘四兵,2007.云南保山盆地生物气源岩地球化学特征及环境指示意义[J].石油天然气学报(江汉石油学院学报),29(4):52-56.

宋长玉,2006.济阳坳陷严重生物降解油的类型与形成途径[J].油气地质与采收率,13(4):15-17.

宋立军,李增学,吴冲龙,等,2004.安徽淮北煤田二叠系沉积环境与聚煤规律分析[J].煤田地质与勘探,32(5):1-3.

谭静强,琚宜文,侯泉林,等,2009a.淮北煤田宿临矿区现今地温场分布特征及其影响因素[J].地球物理学报,52(3):732-739.

谭静强,琚宜文,张文永,等,2009b.淮北宿临矿区现今地温场的构造控制[J].煤炭学报,34(4):449-454.

陶明信,2005a.煤层气地球化学研究现状与发展趋势[J].自然科学进展,15(6):648-652.

陶明信,王万春,李中平,等,2014.煤层中次生生物气的形成途径与母质综合研究[J].科学通报,59(11):970-978.

陶明信,王万春,解光新,等,2005b.中国部分煤田发现的次生生物成因煤层气[J].科学通报,50(增刊Ⅰ):14-18.

陶明信,解光新,2008."煤层气的形成演化、成因类型及资源贡献"课题研究进展[J].天然气地球科学,19(6):894-896.

佟莉,琚宜文,杨梅,等,2013.淮北煤田芦岭矿区次生生物气地球化学证据及其生成途径[J].煤炭学报,38(2):288-293.

王爱宽,秦勇,2010.生物成因煤层气实验研究现状与进展[J].煤田地质与勘探,38(5):23-27.

王勃,李谨,张敏,2007.煤层气成藏地层水化学特征研究[J].石油天然气学报,29(5):66-68.

王传远,杜建国,段毅,等,2007.芳香烃地球化学特征及地质意义[J].新疆石油地质,28(1):29-32.

王桂梁,曹代勇,姜波,1992.华北南部的逆冲推覆、伸展滑覆与重力滑动构造:兼论滑脱构造的研究方法[M].徐州:中国矿业大学出版社.

王培荣,周光甲,1996.生物标志物地球化学[M].东营:中国石油大学出版社.

王铁冠,盛国英,陈军红,等,1995.黔西水城藻煤的生物标志物组合[J].中国科学(B辑),25(11):1219-1225.

卫明明,2014.中高煤级煤层气富集区形成机理及其富集模式研究:以沁水盆地南部和淮北煤田南部为例[D].北京:中国科学院大学:36-39.

吴建国,李伟,2005.淮北矿区煤层气抽采利用技术探讨[J].中国煤层气,2(4):16-19.

武昱东,2010.两淮煤田构造热演化特征及其对煤层气生成的制约[D].北京:中国科学院大学:11-12.

武昱东,琚宜文,侯泉林,等,2009.淮北煤田宿临矿区构造:热演化对煤层气生成的控制[J].自然科学进展,19(10):1134-1141.

解东宁,周立发,2006.南华北地区石炭-二叠纪煤系生烃潜力与二次生烃探讨

[J].煤田地质与勘探,34(1):30-34.

徐宏杰,金军,刘会虎,等,2014.松河矿井瓦斯资源赋存特征与抽采技术分析 [J].煤矿开采,19(2):117-120.

薛春纪,高永宝,曾荣,等,2007.滇西北兰坪盆地金顶超大型矿床有机岩相学和 地球化学[J].岩石学报,23(11):2889-2900.

闫全人,王宗起,闫臻,等,2009.从华北陆块南缘大洋扩张到北秦岭造山带板块 俯冲的转换时限[J].地质学报,83(11):1565-1583.

杨兆彪,秦勇,秦宗浩,等,2020.煤层气井产出水溶解无机碳特征及其地质意义 [J].石油勘探与开发,47(5):1000-1008.

易同生,周效志,金军,2016.黔西松河井田龙潭煤系煤层气-致密气成藏特征及 共探共采技术[J].煤炭学报,41(1):212-220.

曾凡刚,王铁冠,盛国英,等,1994.广西三种褐煤的生物标志物组合特征[J].石 油与天然气地质,15(2):141-149.

翟明国,孟庆任,刘建明,等,2004.华北东部中生代构造体制转折峰期的主要地 质效应和形成动力学探讨[J].地学前缘,11(3):285-297.

张建博,陶明信,2000.煤层甲烷碳同位素在煤层气勘探中的地质意义:以沁水盆 地为例[J].沉积学报,18(4):611-614.

张俊,陈建平,张春明,等,2002.库车坳陷煤生物标志物组成随成熟度的变化特 征[J].江汉石油学院学报,24(2):27-29.

张文俊,张敏,2012.典型海相油和煤成油饱和烃生物标志化合物特征研究[J]. 石油天然气学报,34(6):25-28.

张小军,陶明信,解光新,等,2007.淮南煤田次生生物成因气的比例及资源意义 [J].沉积学报,25(2):314-318.

周丽,2005.南华北盆地晚石炭世中二叠世构造沉积演化与烃源岩评价[D].西 安:西北大学.

周培明,金军,罗开艳,等,2017.黔西松河井田多层叠置独立含煤层气系统[J]. 煤田地质与勘探,45(5):66-69.

朱苏阳,李传亮,杜志敏,等,2016.煤层气开采过程中的逸散[J].新疆石油地质, 37(3):321-326.

朱志敏,沈冰,朱锋,等.2006.地下水对煤层气系统作用机制:以阜新盆地为例 [C]//2006第六届国际煤层气研讨会论文集.北京:[s.n.]:114-119.

ADEDOSU T A, SONIBARE O O, TUO J, et al., 2010. Aromatic hydrocarbons distribution in Nigerian coal and their geochemical significance[J].Energy sources, part A:recovery,utilization,and environmental effects,33(2):145-155.

AHMED M, SMITH J W, 2001. Biogenic methane generation in the degradation of eastern Australian Permian coals[J]. Organic geochemistry, 32(6):809-816.

AHMED M, SMITH J W, GEORGE S C, 1999. Effects of biodegradation on Australian Permian coals[J]. Organic geochemistry, 30(10):1311-1322.

ALEXANDER R, KAGI R I, ROWLAND S J, et al., 1985. The effects of thermal maturity on distributions of dimethylnaphthalenes and trimethylnaphthalenes in some Ancient sediments and petroleums[J]. Geochimica et cosmochimica acta, 49 (2):385-395.

ALIAS F L, ABDULLAH W H, HAKIMI M H, et al., 2012. Organic geochemical characteristics and depositional environment of the Tertiary Tanjong Formation coals in the Pinangah area, onshore Sabah, Malaysia[J]. International journal of coal geology, 104:9-21.

ARAVENA R, HARRISON S M, BARKER J F, et al., 2003. Origin of methane in the Elk Valley coalfield, southeastern British Columbia, Canada [J]. Chemical geology, 195(1/2/3/4):219-227.

BACSIK Z, LOPES J N C, GOMES M F C, et al., 2002. Solubility isotope effects in aqueous solutions of methane[J]. The journal of chemical physics, 116(24):10816-10824.

BAO Y, HUANG H, HE D, et al., 2016. Microbial enhancing coal-bed methane generation potential, constraints and mechanism: a mini-review[J]. Journal of natural gas science and engineering, 35:68-78.

BAO Y, JU Y W, HUANG H P, et al., 2019. Potential and constraints of biogenic methane generation from coals and mudstones from Huaibei Coalfield, Eastern China[J]. Energy & fuels, 33(1):287-295.

BAO Y, LI D, JU Y, 2021. Constraints of biomethane generation yield and carbon isotope fractionation effect in the pathway of acetotrophic with different coal-rank coals[J]. Fuel, 305:121493.

BAO Y, WANG W B, MA D M, et al., 2020. Gas origin and constraint of $\delta^{13}C(CH_4)$ distribution in the Dafosi Mine Field in the Southern Margin of the Ordos Basin, China[J]. Energy & fuels, 34(11):14065-14073.

BAO Y, WEI C T, WANG C Y, et al., 2013. Geochemical characteristics and identification of thermogenic CBM generated during the low and middle coalification stages[J]. Geochemical journal, 47(4):451-458.

BAO Y, WEI C T, WANG C Y, et al., 2014. Geochemical characteristics and generation process of mixed biogenic and thermogenic coalbed methane in Luling Coalfield,China[J].Energy & fuels,28(7):4392-4401.

BECHTEL A, SACHSENHOFER R F, KOLCON I, et al., 2002. Organic geochemistry of the Lower Miocene Oberdorf lignite ( Styrian Basin, Austria):its relation to petrography,palynology and the palaeoenvironment [J].International journal of coal geology,51(1):31-57.

BEERLING D,BERNER R A,MACKENZIE F T,et al.,2009.Methane and the $CH_4$ related greenhouse effect over the past 400 million years[J].American journal of science,309(2):97-113.

BERNARD B B,BROOKS J M,SACKETT W M,1976.Natural gas seepage in the Gulf of Mexico[J].Earth and planetary science letters,31(1):48-54.

BERNER U, FABER E, 1988. Maturity related mixing model for methane, ethane and propane,based on carbon isotopes[J].Organic geochemistry,13 (1/2/3):67-72.

BRAGG J R, PRINCE R C, HARNER E J, et al., 1994. Effectiveness of bioremediation for the Exxon Valdez oil spill[J].Nature,368(6470):413-418.

BRINCK E L,DREVER J I,FROST C D,2008.The geochemical evolution of water coproduced with coalbed natural gas in the Powder River Basin, Wyoming[J].Environmental geosciences,15(4):153-171.

BROOKS J D, SMITH J W, 1969. The diagenesis of plant lipids during the formation of coal, petroleum and natural gas-Ⅱ. Coalification and the formation of oil and gas in the Gippsland Basin [J]. Geochimica et cosmochimica acta,33(10):1183-1194.

CAMPBELL B C, GONG S, GREENFIELD P, et al., 2021. Aromatic compound-degrading taxa in an anoxic coal seam microbiome from the Surat Basin,Australia[J].FEMS microbiology ecology,97(5):fiab053.

CHEN X, WANG Y, TAO M, 2023. Tracing the origin and formation mechanisms of coalbed gas from the Fuxin Basin in China using geochemical and isotopic signatures of the gas and coproduced water[J]. International journal of coal geology,267:104185.

CHEUNG K, KLASSEN P, MAYER B, et al., 2010. Major ion and isotope geochemistry of fluids and gases from coalbed methane and shallow groundwater wells in Alberta, Canada [J]. Applied geochemistry, 25 ( 9 ): 1307-1329.

CLAYTON J L,1998.Geochemistry of coalbed gas:a review[J].International journal of coal geology,35(1/2/3/4):159-173.

DAI J X, QI H F, SONG Y, et al., 1987. Composition, carbon isotope characteristics and the origin of coalbed gases in China and their implications [J].Science in China (series B),12:1324-1337.

DAS N, CHANDRAN P, 2011. Microbial degradation of petroleum hydrocarbon contaminants:an overview[J].Biotechnology research international,2011:1-13.

DAYAL A M,MANI D,MADHAVI T,et al.,2014.Organic geochemistry of the Vindhyan sediments:implications for hydrocarbons[J].Journal of Asian earth sciences,91:329-338.

FABER E,STAHL W,1984.Geochemical surface exploration for hydrocarbons in North Sea[J].AAPG bulletin,68(3):363-386.

FABIAŃSKA M J,KURKIEWICZ S,2013.Biomarkers,aromatic hydrocarbons and polar compounds in the Neogene lignites and gangue sediments of the Konin and Turoszów Brown Coal Basins (Poland)[J]. International journal of coal geology,107:24-44.

FARHADUZZAMAN M, ABDULLAH W H, ISLAM M A, et al., 2013. Organic facies variations and hydrocarbon generation potential of Permian Gondwana group coals and associated sediments,Barapukuria and Dighipara basins,NW Bangladesh[J].Journal of petroleum geology,36(2):117-137.

FLEET A J,WYCHERLEY H,SHAW H,1998.Large volumes of carbon dioxide in sedimentary basins[J].Mineralogical magazine,62A(1):460-461.

FLORES R M, 1998. Coalbed methane: from hazard to resource [J]. International journal of coal geology,35(1/2/3/4):3-26.

FLORES R M, RICE C A, STRICKER G D, et al., 2008. Methanogenic pathways of coal-bed gas in the Powder River Basin, United States: the geologic factor[J].International journal of coal geology,76(1/2):52-75.

FORMOLO M, MARTINI A, PETSCH S, 2008. Biodegradation of sedimentary organic matter associated with coalbed methane in the Powder River and San Juan Basins,U.S.A[J].International journal of coal geology,76(1/2):86-97.

FURMANN A,SCHIMMELMANN A,BRASSELL S C,et al.,2013.Chemical compound classes supporting microbial methanogenesis in coal[J].Chemical geology,339:226-241.

GAILLARDET J, DUPRÉ B, LOUVAT P, et al., 1999. Global silicate weathering and CO$_2$ consumption rates deduced from the chemistry of large rivers[J].Chemical geology,159(1/2/3/4):3-30.

GAO L,BRASSELL S C,MASTALERZ M,et al.,2013.Microbial degradation of sedimentary organic matter associated with shale gas and coalbed methane in eastern Illinois Basin (Indiana),USA[J].International journal of coal geology,107: 152-164.

GLASBY G P,2006.Abiogenic origin of hydrocarbons:an historical overview [J].Resource geology,56(1):83-96.

GOLA M R,KARGER M,GAZDA L,et al.,2013.Organic geochemistry of Upper Carboniferous bituminous coals and clastic sediments from the Lublin Coal Basin[J].Acta geologica Polonica,63(3):456-473.

GOLDING S D,BOREHAM C J,ESTERLE J S,2013. Stable isotope geochemistry of coal bed and shale gas and related production waters:a review[J].International journal of coal geology,120:24-40.

GREEN M S,FLANEGAN K C,GILCREASE P C,2008.Characterization of a methanogenic consortium enriched from a coalbed methane well in the Powder River Basin,U.S.A[J].International journal of coal geology,76(1/2): 34-45.

GUO H,LIU R,YU Z,et al.,2012.Pyrosequencing reveals the dominance of methylotrophic methanogenesis in a coal bed methane reservoir associated with Eastern Ordos Basin in China[J].International journal of coal geology, 93:56-61.

GUO Z Q,LI J,TIAN J X,et al.,2020.Main factors controlling thermogenic gas accumulation in the Qaidam Basin of Western China[J].Energy & fuels,34(4): 4017-4030.

HAKIMI M H,ABDULLAH W H,AL AREEQ N M,2014.Organic geochemical characteristics and depositional environments of the Upper Cretaceous coals in the Jiza-Qamar Basin of eastern Yemen[J].Fuel,118:335-347.

HAVELCOVÁ M, SYKOROVÁ I, TREJTNAROVÁ H, et al., 2012. Identification of organic matter in lignite samples from basins in the Czech Republic:geochemical and petrographic properties in relation to lithotype[J]. Fuel,99:129-142.

HE H, HAN Y X,JIN D C,et al.,2016.Microbial consortium in a non-production biogas coal mine of Eastern China and its methane generation from lignite [J]. Energy sources, part A: recovery, utilization, and environmental effects,38(10):1377-1384.

HEALY R W,BARTOS T T,RICE C A,et al.,2011.Groundwater chemistry near an impoundment for produced water,Powder River Basin,Wyoming, USA[J].Journal of hydrology,403(1/2):37-48.

HILTON D R,FISCHER T P,KULONGOSKI J T,2013.Introduction to the special issue on 'Frontiers in Gas Geochemistry'[J].Chemical geology,339: 1-3.

HOŞGÖRMEZ H,NAMIK YALCIN M,CRAMER B,et al.,2002.Isotopic and molecular composition of coal-bed gas in the Amasra region (Zonguldak basin—western Black Sea)[J].Organic geochemistry,33(12):1429-1439.

HOSTETTLER F D, KVENVOLDEN K A, 2002. Alkytcyclohexanes in environmental geochemistry[J].Environmental forensics,3(3/4):293-301.

HUANG W Y,MEINSCHEIN W G,1979.Sterols as ecological indicators[J]. Geochimica et cosmochimica Acta,43(5):739-745.

HUGHES W B,HOLBA A G,DZOU L I,1995.The ratios of dibenzothiophene to phenanthrene and pristane to phytane as indicators of depositional environment and lithology of petroleum source rocks[J]. Geochimica et cosmochimica acta,59(17):3581-3598.

ISMAIL W, ALHAMAD N A, EL-SAYED W S, et al., 2013. Bacterial degradation of the saturate fraction of Arabian light crude oil:biosurfactant production and the effect of ZnO nanoparticles[J].Journal of petroleum & environmental biotechnology,4(6):163.

JENDEN P D,KAPLAN I R,1986.Comparison of microbial gases from the Middle America Trench and Scripps Submarine Canyon:implications for the origin of natural gas[J].Applied geochemistry,1(6):631-646.

JENDEN P D, KAPLAN I R, HILTON D R, et al., 1993. Abiogenic hydrocarbons and mantle helium in oil and gas fields[J]. United States geological survey professional paper,1570:31-56.

JENNIFER M J,ANNA M,STEVEN P,2008.Biogeochemistry of the forest city basin coalbed methane play[J].International journal of coal geology,76 (1/2):111-118.

JIANG B,QU Z,WANG G G,et al.,2010.Effects of structural deformation on formation of coalbed methane reservoirs in Huaibei Coalfield,China[J].

International journal of coal geology,82(3/4):175-183.

KADRI T, ROUISSI T, KAUR BRAR S, et al., 2017. Biodegradation of polycyclic aromatic hydrocarbons (PAHs) by fungal enzymes:a review[J]. Journal of environmental sciences,51:52-74.

KEĘDZIOR S,2009.Accumulation of coal-bed methane in the south-west part of the Upper Silesian Coal Basin (southern Poland)[J].International journal of coal geology,80(1):20-34.

KIAMARSI Z,SOLEIMANI M,NEZAMI A,et al.,2019.Biodegradation of n-alkanes and polycyclic aromatic hydrocarbons using novel indigenous bacteria isolated from contaminated soils[J].International journal of environmental science and technology,16(11):6805-6816.

KINNON E C P,GOLDING S D,BOREHAM C J,et al.,2010.Stable isotope and water quality analysis of coal bed methane production waters and gases from the Bowen Basin,Australia[J].International journal of coal geology,82(3/4):219-231.

KLOPPMANN W, GIRARD G P, NÉGREL P, 2002. Exotic stable isotope compositions of saline waters and brines from the crystalline basement[J]. Chemical geology,184(1/2):49-70.

KOTARBA M J,1990.Isotopic geochemistry and habitat of the natural gases from the Upper Carboniferous Žacleř coal-bearing formation in the Nowa Ruda coal district (Lower Silesia,Poland)[J].Organic geochemistry,16(1/2/3):549-560.

KOTARBA M J,CLAYTON J L,2003. A stable carbon isotope and biological marker study of Polish bituminous coals and carbonaceous shales [J]. International journal of coal geology,55(2/3/4):73-94.

KOTARBA M J,RICE D D,2001.Composition and origin of coalbed gases in the Lower Silesian Basin, southwest Poland [J]. Applied geochemistry, 16(7/8):895-910.

KVALHEIM O M, CHRISTY A A, TELNÆ S N, et al., 1987. Maturity determination of organic matter in coals using the methylphenanthrene distribution[J].Geochimica et cosmochimica acta,51(7):1883-1888.

KVENVOLDEN K A, 1995. A review of the geochemistry of methane in natural gas hydrate[J].Organic geochemistry,23(11/12):997-1008.

LAN F J,QIN Y,LI M,et al.,2013.Microbial degradation and its influence on components of coalbed gases in Enhong syncline, China[J]. International journal of mining science and technology, 23(2):293-299.

LANGFORD F F, BLANC-VALLERON M M, 1990. Interpreting Rock-Eval pyrolysis data using graphs of pyrolizable hydrocarbons vs. total organic carbon (1)[J]. AAPG bulletin, 74:799-804.

LEE K, TREMBLAY G H, GAUTHIER J, et al., 1997. Bioaugmentation and biostimulation: a paradox between laboratory and field results [J]. International oil spill conference proceedings(1):697-705.

LI Q G, JU Y W, BAO Y, et al., 2015. Composition, origin, and distribution of coalbed methane in the Huaibei Coalfield, China[J]. Energy & fuels, 29(2): 546-555.

LI Q G, JU Y W, CHEN P, et al., 2017. Biomarker study of depositional paleoenvironments and organic matter inputs for Permian Coalbearing Strata in the Huaibei Coalfield, East China[J]. Energy & fuels, 31(4):3567-3577.

LI Q G, JU Y W, GU S Y, et al., 2022. Coalbed methane accumulation indicated by geochemical evidences from fracture-filling minerals in Huaibei Coalfield, East China[J]. Geochemistry international, 60(1):52-66.

LI Q G, JU Y W, LU W Q, et al., 2016. Water-rock interaction and methanogenesis in formation water in the southeast Huaibei Coalfield, China [J]. Marine and petroleum geology, 77:435-447.

LI S Y, LU X X, BUSH R T, 2014. Chemical weathering and $CO_2$ consumption in the Lower Mekong River[J]. Science of the total environment, 472: 162-177.

LLOYD M K, TREMBATH-REICHERT E, DAWSON K S, et al., 2021. Methoxyl stable isotopic constraints on the origins and limits of coal-bed methane[J]. Science, 374(6569):894-897.

LOLLAR B S, LACRAMPE-COULOUME G, VOGLESONGER K, et al., 2008. Isotopic signatures of $CH_4$ and higher hydrocarbon gases from Precambrian Shield sites: a model for abiogenic polymerization of hydrocarbons[J]. Geochimica et cosmochimica acta, 72(19):4778-4795.

LU X Y, ZHANG T, FANG H H P, 2011. Bacteria-mediated PAH degradation in soil and sediment [J]. Applied microbiology and biotechnology, 89: 1357-1371.

LU Z, LI Q G, JU Y W, et al., 2022a. Biodegradation of coal organic matter associated with the generation of secondary biogenic gas in the Huaibei Coalfield[J]. Fuel,323:124281.

LU Z,TAO M X,LI Q G, et al.,2022b. Gas geochemistry and hydrochemical analysis of CBM origin and accumulation in the Tucheng syncline in western Guizhou Province[J]. Geochemical journal,56(2):57-73.

MAGESH N S,BOTSA S M,DESSAI S,et al.,2020.Hydrogeochemistry of the deglaciated lacustrine systems in Antarctica: potential impact of marine aerosols and rock-water interactions[J].Science of the total environment, 706:135822.

MAMYRIN B A, ANUFRIEV G S, KAMENSKII I L, et al., 1970. Determination of the isotopic composition of atmospheric helium [J]. Geochemistry international,7:498-505.

MARTINI A M, WALTER L M, BUDAI J M, et al., 1998. Genetic and temporal relations between formation waters and biogenic methane: upper Devonian Antrim Shale, Michigan Basin, USA [J]. Geochimica et cosmochimica acta,62(10):1699-1720.

MCINTOSH J C, MARTINI A M, 2008a. Hydrogeochemical indicators for microbial methane in fractured organic-rich shales: case studies of the Antrim, New Albany, and Ohio Shales[M]// HILL D G, LILLIS P G, CURTIS J B.Gas Shale in the Rocky Mountains and Beyond. Denver:Rocky Mountain Association of Geologists Guidebook:162-174.

MCINTOSH J C,MARTINI A M,PETSCH S,et al.,2008b.Biogeochemistry of the forest city basin coalbed methane play[J].International journal of coal geology,76 (1/2):111-118.

MCINTOSH J C,WALTER L M,MARTINI A M,2002.Pleistocene recharge to midcontinent basins: effects on salinity structure and microbial gas generation[J].Geochimica et cosmochimica acta,66(10):1681-1700.

MCINTOSH J C, WALTER L M, MARTINI A M, 2004. Extensive microbial modification of formation water geochemistry: case study from a Midcontinent sedimentary basin, United States[J].Geological Society of America Bulletin,116 (5/6):743-759.

MENG Y J,TANG D Z,XU H,et al.,2014.Coalbed methane produced water in China: status and environmental issues [J]. Environmental science and pollution research,21:6964-6974.

MEYBECK M,1981.Pathways of major elements from land to ocean through rivers[M]// MARTIN J M,BURTON J D,EISMA D.River inputs to ocean systems. New York: United Nations Press:18-30.

MIDGLEY D J, HENDRY P, PINETOWN K L, et al., 2010.Characterisation of a microbial community associated with a deep, coal seam methane reservoir in the Gippsland Basin, Australia[J]. International journal of coal geology, 82 (3/4): 232-239.

MITTERER R M, 2010. Methanogenesis and sulfate reduction in marine sediments: a new model[J].Earth and planetary science letters,295(3/4): 358-366.

MOLDOWAN J M, SEIFERT W K, GALLEGOS E J, 1985. Relationship between petroleum composition and depositional environment of petroleum source rocks[J].AAPG bulletin,69(8):1255-1268.

MOORE T A,2012.Coalbed methane:a review[J].International journal of coal geology,101:36-81.

NÁDUDVARI Á, FABIAŃSKA M J, 2016. The impact of water-washing, biodegradation and self-heating processes on coal waste dumps in the Rybnik Industrial Region (Poland) [J]. International journal of coal geology, 154/155:286-299.

NÉGREL P, ALLÈGRE C J, DUPRÉ B, et al., 1993. Erosion sources determined by inversion of major and trace element ratios and strontium isotopic ratios in river water:the Congo Basin case[J].Earth and planetary science letters,120(1/2):59-76.

PAPANICOLAOU C, DEHMER J, FOWLER M, 2000. Petrological and organic geochemical characteristics of coal samples from Florina, Lava, Moschopotamos and Kalavryta coal fields,Greece[J].International journal of coal geology,44(3/4): 267-292.

PASHIN J C, MCINTYRE-REDDEN M R, MANN S D, et al., 2014. Relationships between water and gas chemistry in mature coalbed methane reservoirs of the Black Warrior Basin[J]. International journal of coal geology,126:92-105.

PETERS K E, MOLDOWAN J M, 1993. The biomarker guide: interpreting molecular fossils in petroleum and ancient sediments[M]. New Jersey: Prentice-Hall.

PETERS K E, MOLDOWAN J M, MCCAFFREY M A, et al., 1996. Selective biodegradation of extended hopanes to 25-norhopanes in petroleum reservoirs. Insights from molecular mechanics[J].Organic geochemistry,24(8/9):765-783.

PETERS K E, WALTERS C C, MOLDOWAN J M, 2005. The Biomarker Guide: Volume 2,Biomarkers and Isotopes in Petroleum Systems and Earth History[M].Cambridge,UK:Cambridge University Press:476-708.

PEZESHKI S R, HESTER M W, LIN Q, et al., 2000. The effects of oil spill and clean-up on dominant US Gulf coast marsh macrophytes: a review[J]. Environmental pollution,108(2):129-139.

PIEDAD-SÁNCHEZ N,SUÁREZ-RUIZ I,MARTÍNEZ L,et al.,2004.Organic petrology and geochemistry of the Carboniferous coal seams from the Central Asturian Coal Basin (NW Spain)[J].International journal of coal geology,57(3/4):211-242.

QUILLINAN S A, FROST C D, 2014. Carbon isotope characterization of powder river basin coal bed waters: key to minimizing unnecessary water production and implications for exploration and production of biogenic gas [J].International journal of coal geology,126:106-119.

RADKE M,1988.Application of aromatic compounds as maturity indicators in source rocks and crude oils[J].Marine and petroleum geology,5(3):224-236.

RADKE M, RULLKÖTTER J, VRIEND S P, 1994. Distribution of naphthalenes in crude oils from Java Sea:source and maturation effects[J]. Geochimica et cosmochimica acta,58(17):3675-3689.

RICE C A, ELLIS M S, BULLOCK J H, Jr, 2000. Water co-produced with coalbed methane in the Powder River Basin, Wyoming: preliminary compositional data[R].Denver,CO: US Department of the Interior, US Geological Survey.

RICE C A,FLORES R M,STRICKER G D,et al.,2008.Chemical and stable isotopic evidence for water/rock interaction and biogenic origin of coalbed methane, Fort Union Formation, Powder River Basin, Wyoming and Montana U.S.A[J].International journal of coal geology,76(1/2):76-85.

RICE D D,1993.Composition and origins of coalbed gas[M]// LAW B E,RICE D D.Hydrocarbons from Coal.[S.l.:s.n.]:159-184.

RICE D D, CLAYPOOL G E, 1981. Generation, accumulation, and resource potential of biogenic gas[J]. AAPG bulletin,65(1):5-25.

RIGHTMIRE C T,1984.Coalbed methane resource[C]// RIGHTMIRE C T, EDDY G E,KIRR J N.Coalbed methane resources of the United States.[S.l.: s.n.]:1-13.

ROMERO-SARMIENTO M F,RIBOULLEAU A,VECOLI M,et al.,2011. Aliphatic and aromatic biomarkers from Carboniferous coal deposits at Dunbar (East Lothian,Scotland):Palaeobotanical and palaeoenvironmental significance[J]. Palaeogeography, palaeoclimatology, palaeoecology, 309 (3/4): 309-326.

SCHLEGEL M E,MCINTOSH J C,BATES B L,et al.,2011.Comparison of fluid geochemistry and microbiology of multiple organic-rich reservoirs in the Illinois Basin, USA: evidence for controls on methanogenesis and microbial transport[J].Geochimica et cosmochimica acta,75(7):1903-1919.

SCOTT A R,2002. Hydrogeologic factors affecting gas content distribution in coal beds[J].International journal of coal geology,50(1/2/3/4):363-387.

SCOTT A R,KAISER W R,AYERS W B,Jr,1994.Thermogenic and secondary biogenic gases,San Juan Basin,Colorado and New Mexico:implications for coalbed gas producibility[J].AAPG bulletin,78(8):1186-1209.

SEIFERT W K,MOLDOWAN J M,1979. The effect of biodegradation on steranes and terpanes in crude oils[J].Geochimica et cosmochimica acta,43 (1):111-126.

SEIFERT W K,MOLDOWAN J M,1986.Use of biological markers in petroleum exploration[M]//JOHNS R B.Biological Markers in the Sedimentary Record, Methods in Geochemistry and Geophysics. Amsterdam: Elsevier Science Publishers,24:261-290.

SHANMUGAM G,1985.Significance of coniferous rain forests and related organic matter in generating commercial quantities of oil,Gippsland Basin, Australia[J].AAPG bulletin,69(8):1241-1254.

SHARMA S,FROST C D,2008.Tracing coalbed natural gas-coproduced water using stable isotopes of carbon[J].Groundwater,46(2):329-334.

SHELTON J L,MCINTOSH J C,WARWICK P D,et al.,2016. Impact of formation water geochemistry and crude oil biodegradation on microbial methanogenesis[J].Organic geochemistry,98:105-117.

SHUAI Y H,ZHANG S C,GRASBY S E,et al.,2013.Controls on biogenic gas formation in the Qaidam Basin, northwestern China[J].Chemical geology,

335:36-47.

SMITH J W, GOULD K W, HART G H, et al., 1985. Isotopic studies of Australian natural and coal seam gases[J]. AIMM bulletin and proceedings, 290:43-51.

SMITH J W, PALLASSER R J, 1996. Microbial origin of Australian coalbed methane[J]. AAPG bulletin, 80(6):891-897.

SONG Y, LIU S B, ZHANG Q, et al., 2012. Coalbed methane genesis, occurrence and accumulation in China[J]. Petroleum science, 9(3):269-280.

STRĄPOĆ D, MASTALERZ M, DAWSON K, et al., 2011. Biogeochemistry of microbial coal-bed methane [J]. Annual review of earth and planetary sciences, 39:617-656.

STRĄPOĆ D, MASTALERZ M, EBLE C, et al., 2007. Characterization of the origin of coalbed gases in southeastern Illinois Basin by compound-specific carbon and hydrogen stable isotope ratios[J]. Organic geochemistry, 38(2): 267-287.

STRĄPOĆ D, MASTALERZ M, SCHIMMELMANN A, et al., 2008. Variability of geochemical properties in a microbially dominated coalbed gas system from the eastern margin of the Illinois Basin, USA[J]. International journal of coal geology, 76(1/2):98-110.

STRĄPOĆ D, SCHIMMELMANN A, MASTALERZ M, 2006. Carbon isotopic fractionation of $CH_4$ and $CO_2$ during canister desorption of coal[J]. Organic geochemistry, 37(2):152-164.

STUEBER A M, WALTER L M, 1994. Glacial recharge and paleohydrologic flow systems in the Illinois Basin: evidence from chemistry of Ordovician carbonate (Galena) formation waters[J]. Geological Society of America Bulletin, 106(11): 1430-1439.

SU X B, ZHAO W Z, XIA D P, 2018. The diversity of hydrogen-producing bacteria and methanogens within an in situ coal seam[J]. Biotechnology for biofuels, 11(1):1-18.

TANG S L, TANG D Z, TANG J C, et al., 2017. Controlling factors of coalbed methane well productivity of multiple superposed coalbed methane systems: a case study on the Songhe Mine field, Guizhou, China[J]. Energy exploration &

exploitation,35(6):665-684.

TANG S L,TANG D Z,XU H,et al.,2016.Geological mechanisms of the accumulation of coalbed methane induced by hydrothermal fluids in the western Guizhou and eastern Yunnan regions[J].Journal of natural gas science and engineering,33:644-656.

TAO M X,CHEN X R,MA Y Z,et al.,2020.Geological-geochemical models and isotope fractionation laws and control factors of thermogenic coalbed gas in Panxian,China[J].Energy & fuels,34(3):2665-2673.

TAO M X, LI J, LI X B, et al., 2012. New approaches and markers for identifying secondary biogenic coalbed gas[J].Acta geologica sinica - English Edition,86(1):199-208.

TAO M X,SHI B G,LI J Y,et al.,2007.Secondary biological coalbed gas in the Xinji area, Anhui Province, China: evidence from the geochemical features and secondary changes[J].International journal of coal geology,71(2/3): 358-370.

TAO M X,WANG W C,XIE G X,et al.,2005.Secondary biogenic coalbed gas in some coal fields of China[J].Chinese science bulletin,50(1):24-29.

THIELEMANN T,CRAMER B,SCHIPPERS A,2004.Coalbed methane in the Ruhr Basin, Germany: a renewable energy resource? [J]. Organic geochemistry,35(11/12):1537-1549.

TISSOT B P,WELTE D H,1984.Petroleum formation and occurrence[M]. 2nd ed. Berlin: Springer-Verlag.

VAN VOAST W A, 2003. Geochemical signature of formation waters associated with coalbed methane[J].AAPG bulletin,87(4):667-676.

VENOSA A D,SUIDAN M T,WRENN B A,et al.,1996.Bioremediation of an experimental oil spill on the shoreline of Delaware Bay[J].Environmental science & technology,30(5):1764-1775.

WANG G C, JU Y W, BAO Y, et al., 2014. Coal-bearing organic shale geological evaluation of Huainan-Huaibei Coalfield, China [J]. Energy & fuels,28(8):5031-5042.

WANG Z D,FINGAS M,SERGY G,1995.Chemical characterization of crude oil residues from an Arctic beach by GC/MS and GC/FID[J].Environmental science & technology,29(10):2622-2631.

WAPLES D W,MARZI R W,1998.The universality of the relationship between vitrinite reflectance and transformation ratio[J]. Organic geochemistry, 28 (6): 383-388.

WARWICK P D, BRELAND F C, HACKLEY P C, 2008. Biogenic origin of coalbed gas in the northern Gulf of Mexico Coastal Plain, U. S. A [J]. International journal of coal geology, 76(1/2):119-137.

WEAVER T R, FRAPE S K, CHERRY J A, 1995. Recent cross-formational fluid flow and mixing in the shallow Michigan Basin[J]. Geological Society of America Bulletin, 107(6):697-707.

WENGER L M, DAVIS C L, ISAKSEN G H, 2002. Multiple controls on petroleum biodegradation and impact on oil quality[J]. SPE reservoir evaluation & engineering, 5(5):375-383.

WHITICAR M J, 1990. A geochemial perspective of natural gas and atmospheric methane[J]. Organic geochemistry, 16(1/2/3):531-547.

WHITICAR M J, 1996. Stable isotope geochemistry of coals, humic kerogens and related natural gases[J]. International journal of coal geology, 32(1/2/3/4):191-215.

WHITICAR M J, 1999. Carbon and hydrogen isotope systematics of bacterial formation and oxidation of methane[J]. Chemical geology, 161(1/2/3):291-314.

WHITICAR M J, FABER E, SCHOELL M, 1986. Biogenic methane formation in marine and freshwater environments: $CO_2$ reduction vs. acetate fermentation: isotope evidence[J]. Geochimica et cosmochimica acta, 50(5): 693-709.

WU C C, YANG Z B, QIN Y, et al, 2018. Characteristics of hydrogen and oxygen isotopes in produced water and productivity response of coalbed methane wells in western Guizhou[J]. Energy & fuels, 32(11):11203-11211.

WU Y D, JU Y W, HOU Q L, et al., 2011. Comparison of coalbed gas generation between Huaibei-Huainan coalfields and Qinshui coal basin based on the tectono-thermal modeling[J]. Science China earth sciences, 54(7): 1069-1077.

XU Z F, LIU C Q, 2010. Water geochemistry of the Xijiang Basin Rivers, South China: chemical weathering and $CO_2$ consumption[J]. Applied geochemistry, 25(10):1603-1614.

YANG M, JU Y W, TONG L, et al., 2011. Characteristics of coalbed produced water in the process of coalbed methane development[J]. Environmental engineering and management journal,10(7):985-993.

ZHANG Y,GABLE C W,ZYVOLOSKI G A,et al.,2009.Hydrogeochemistry and gas compositions of the Uinta Basin:a regional-scale overview[J].AAPG bulletin,93(8):1087-1118.

ZHANG Z,POULTER B,KNOX S,et al.,2022.Anthropogenic emission is the main contributor to the rise of atmospheric methane during 1993-2017[J]. National science review,9(5):5.

ZHANG Z,QIN Y,BAI J P,et al.,2018.Hydrogeochemistry characteristics of produced waters from CBM wells in Southern Qinshui Basin and implications for CBM commingled development[J].Journal of natural gas science and engineering, 56:428-443.

ZHAO W,SU X,XIA D,et al.,2022.Enhanced coalbed methane recovery by the modification of coal reservoir under the supercritical $CO_2$ extraction and anaerobic digestion[J].Energy,259:124914.

ZHOU Z,BALLENTINE C J,KIPFER R,et al.,2005.Noble gas tracing of groundwater/coalbed methane interaction in the San Juan Basin,USA[J]. Geochimica et cosmochimica acta,69(23):5413-5428.

ZINDER S H,1993.Physiological ecology of methanogens[M]//FERRY J G. Methanogenesis.[S.l.]:Chapman & Hall Inc.:128-206.

# 附　　图

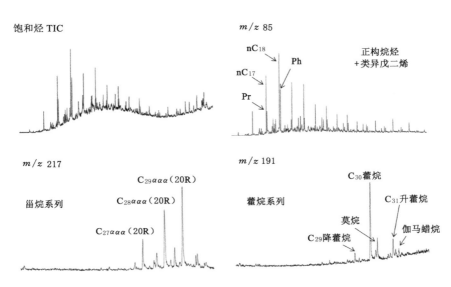

附图 1　C-01 样品饱和烃 $m/z$ 85、217、191 和 TIC 谱图

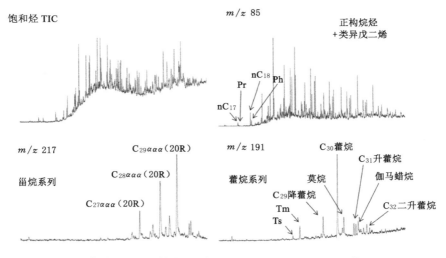

附图 2　C-05 样品饱和烃 $m/z$ 85、217、191 和 TIC 谱图

附　　图

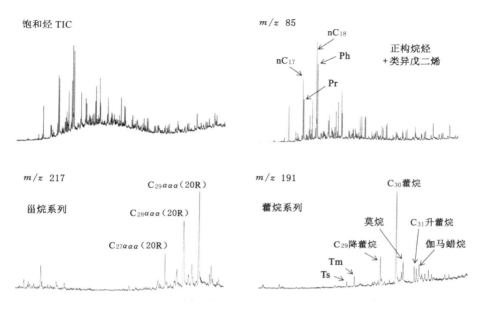

附图3　C-07样品饱和烃 *m/z* 85、217、191 和 TIC 谱图

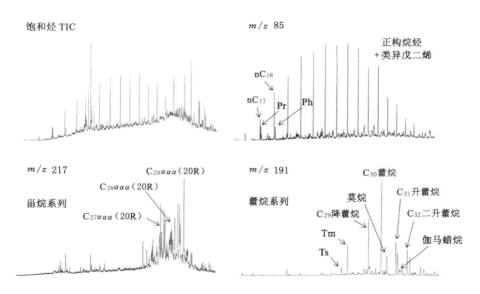

附图4　C-08样品饱和烃 *m/z* 85、217、191 和 TIC 谱图

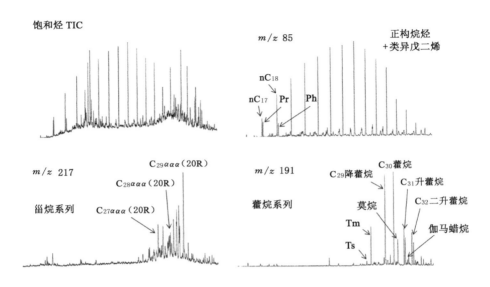

附图 5　C-09 样品饱和烃 $m/z$ 85、217、191 和 TIC 谱图

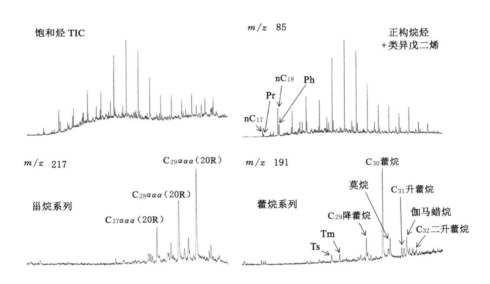

附图 6　Mud-01 样品饱和烃 $m/z$ 85、217、191 和 TIC 谱图

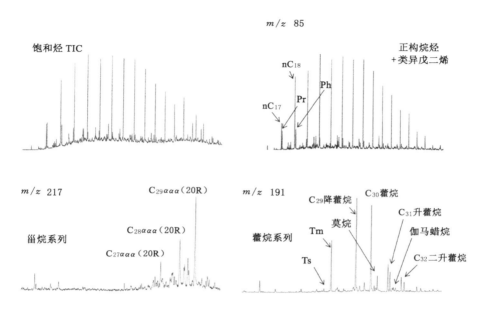

附图 7　Mud-03 样品饱和烃 $m/z$ 85、217、191 和 TIC 谱图

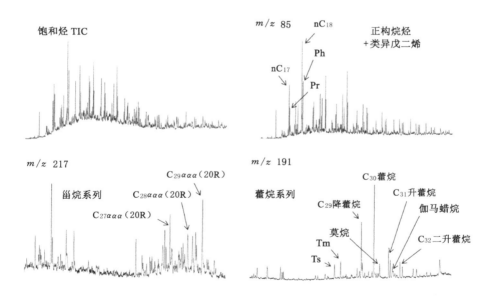

附图 8　Mud-04 样品饱和烃 $m/z$ 85、217、191 和 TIC 谱图

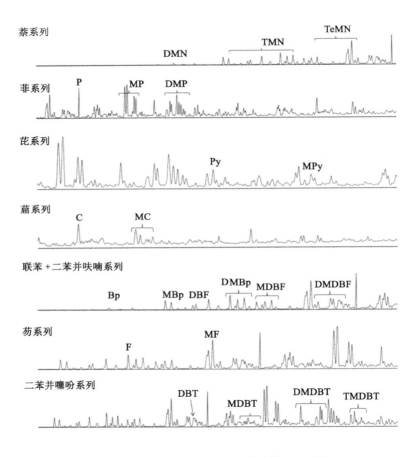

附图 9　C-01 样品芳烃各系列化合物 TIC 谱图

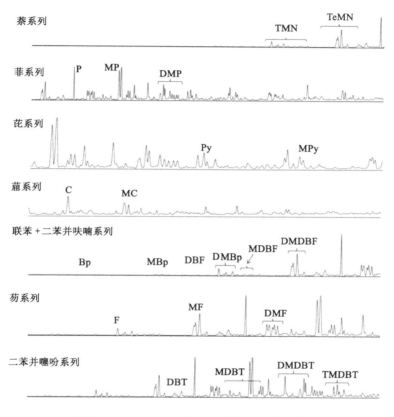

附图 10　C-05 样品芳烃各系列化合物 TIC 谱图

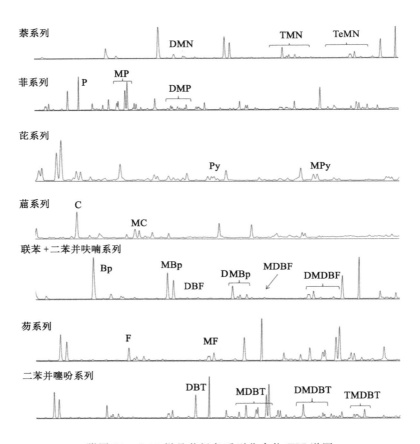

附图 11  C-07 样品芳烃各系列化合物 TIC 谱图

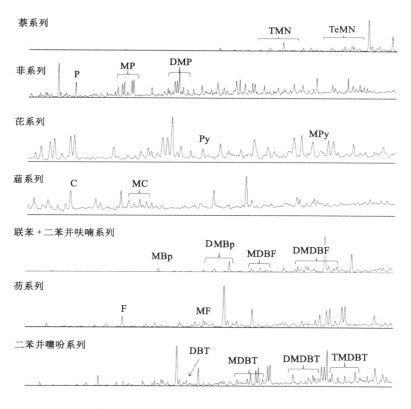

附图 12　C-08 样品芳烃各系列化合物 TIC 谱图

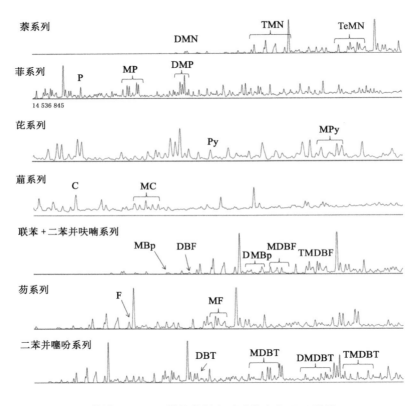

附图 13　C-09 样品芳烃各系列化合物 TIC 谱图

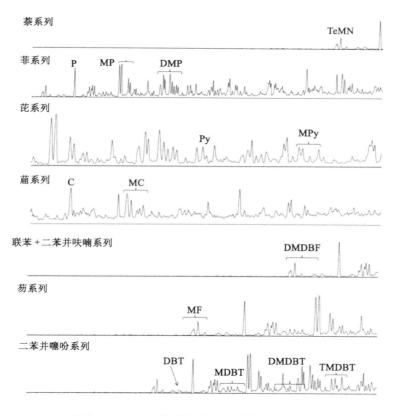

附图 14　Mud-01 样品芳烃各系列化合物 TIC 谱图

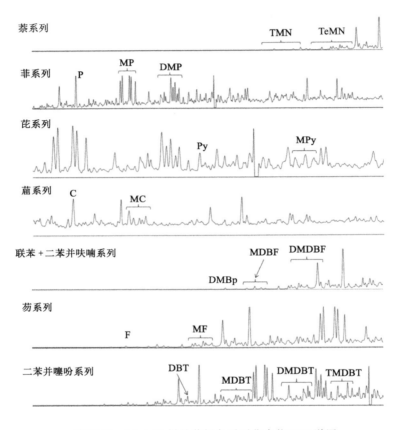

附图 15　Mud-03 样品芳烃各系列化合物 TIC 谱图

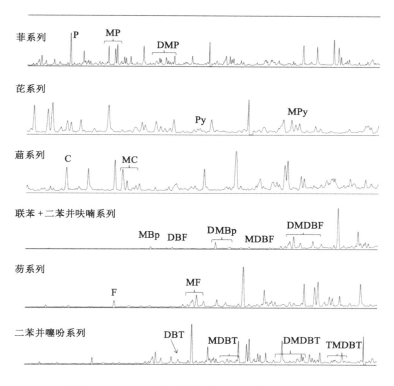

附图 16　Mud-04 样品芳烃各系列化合物 TIC 谱图

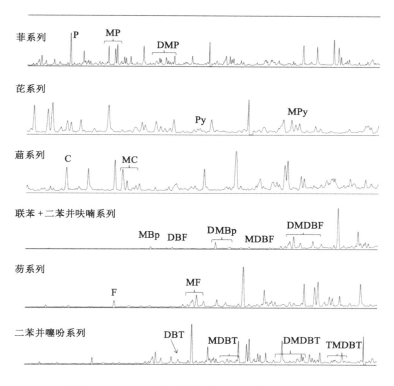

附图 16　Mud-04 样品芳烃各系列化合物 TIC 谱图

# 附　表

## 附表1　宿州矿区新生界含水层主离子组成特征

| 煤矿 | pH | [Na$^+$＋K$^+$] /(mg/L) | [Mg$^{2+}$] /(mg/L) | [Ca$^{2+}$] /(mg/L) | [Cl$^-$] /(mg/L) | [SO$_4^{2-}$] /(mg/L) | [HCO$_3^-$] /(mg/L) |
|---|---|---|---|---|---|---|---|
| LL | 7.58 | 5.5 | 330.6 | 464.9 | 49.0 | 2 181.5 | 230.7 |
| LL | 7.70 | 742.4 | 293.1 | 215.7 | 61.9 | 2 747.6 | 360.3 |
| QN | 8.15 | 233.8 | 102.9 | 143.8 | 203.3 | 648.7 | 402.7 |
| QN | 8.30 | 49.8 | 35.8 | 21.6 | 17.9 | 36.2 | 277.9 |
| QN | / | 581.3 | 67.6 | 94.3 | 74.9 | 1 343.5 | 333.2 |
| QN | 8.20 | 189.8 | 84.9 | 122.7 | 192.6 | 486.4 | 359.8 |
| QN | 8.60 | 207.9 | 65.3 | 33.8 | 113.4 | 357.7 | 292.9 |
| ZXZ | 8.40 | 146.1 | 115.3 | 200.3 | 291.0 | 498.7 | 407.8 |
| ZXZ | 7.50 | 275.0 | 69.4 | 205.3 | 344.0 | 567.5 | 389.5 |
| ZXZ | 7.40 | 277.8 | 60.3 | 213.9 | 337.5 | 568.3 | 388.0 |
| ZXZ | 7.60 | 149.5 | 45.9 | 112.5 | 149.9 | 244.9 | 401.3 |
| ZXZ | 7.80 | 89.0 | 85.1 | 164.9 | 265.0 | 227.2 | 420.4 |
| ZXZ | 7.30 | 263.7 | 58.6 | 234.6 | 328.5 | 602.0 | 378.1 |
| ZXZ | 7.70 | 264.2 | 88.8 | 223.2 | 350.9 | 628.0 | 425.4 |
| ZXZ | 7.60 | 195.4 | 72.9 | 85.4 | 149.8 | 300.4 | 505.2 |
| ZXZ | 7.40 | 178.0 | 84.4 | 107.0 | 71.9 | 582.8 | 357.7 |
| ZXZ | 7.40 | 271.1 | 196.6 | 330.4 | 71.0 | 1 778.4 | 334.3 |
| ZXZ | 8.00 | 329.0 | 226.4 | 293.6 | 83.1 | 1 895.0 | 353.6 |
| ZXZ | 7.50 | 275.0 | 69.4 | 205.5 | 344.0 | 567.5 | 389.5 |
| ZXZ | 7.70 | 264.2 | 88.8 | 223.2 | 350.9 | 628.0 | 425.4 |
| ZXZ | 7.70 | 230.8 | 66.4 | 124.2 | 244.1 | 438.8 | 346.8 |
| ZXZ | 7.50 | 241.9 | 82.9 | 160.2 | 300.8 | 535.9 | 347.8 |
| ZXZ | 7.90 | 424.1 | 52.4 | 66.1 | 350.7 | 507.9 | 350.1 |

| 煤矿 | pH | $[Na^+ + K^+]$ /(mg/L) | $[Mg^{2+}]$ /(mg/L) | $[Ca^{2+}]$ /(mg/L) | $[Cl^-]$ /(mg/L) | $[SO_4^{2-}]$ /(mg/L) | $[HCO_3^-]$ /(mg/L) |
|------|------|-------|-------|-------|-------|-------|-------|
| ZXZ | 7.80 | 346.9 | 75.7 | 123.7 | 357.1 | 551.1 | 365.1 |
| ZXZ | 7.80 | 244.8 | 96.0 | 149.5 | 318.1 | 528.5 | 367.8 |
| ZXZ | 7.90 | 216.6 | 70.3 | 130.0 | 240.8 | 421.1 | 374.2 |
| ZXZ | 7.80 | 242.0 | 91.9 | 158.3 | 314.5 | 533.9 | 365.1 |
| ZXZ | 7.70 | 254.5 | 76.5 | 174.3 | 313.6 | 548.7 | 352.8 |
| ZXZ | 7.70 | 295.0 | 86.0 | 163.6 | 338.9 | 568.0 | 411.6 |
| ZXZ | 7.40 | 318.4 | 85.1 | 138.8 | 321.2 | 569.7 | 415.8 |
| ZXZ | 8.00 | 191.7 | 67.4 | 133.9 | 216.9 | 387.7 | 389.1 |
| ZXZ | 7.60 | 394.4 | 59.7 | 80.8 | 352.3 | 426.4 | 441.0 |
| ZXZ | 7.80 | 204.4 | 64.1 | 111.5 | 240.3 | 356.0 | 336.8 |
| ZXZ | 7.60 | 398.7 | 88.6 | 62.6 | 336.5 | 408.3 | 545.2 |
| ZXZ | 7.80 | 357.5 | 61.8 | 193.2 | 378.5 | 525.2 | 532.1 |
| ZXZ | 7.80 | 361.9 | 82.2 | 140.3 | 368.7 | 516.6 | 512.6 |
| ZXZ | 7.40 | 255.8 | 90.1 | 199.5 | 348.9 | 539.6 | 455.5 |
| ZXZ | 7.78 | 393.1 | 59.3 | 60.3 | 360.7 | 386.5 | 415.2 |
| ZXZ | 7.80 | 240.2 | 114.6 | 161.7 | 338.9 | 631.0 | 392.0 |
| ZXZ | 8.10 | 263.8 | 75.3 | 120.7 | 334.4 | 578.6 | 122.6 |
| ZXZ | 8.00 | 259.8 | 112.5 | 158.2 | 332.4 | 638.7 | 352.8 |
| ZXZ | 7.70 | 222.0 | 122.5 | 143.7 | 240.2 | 733.9 | 296.0 |
| ZXZ | 7.60 | 315.0 | 126.6 | 88.4 | 353.3 | 453.2 | 486.4 |
| ZXZ | 7.70 | 284.8 | 87.9 | 59.8 | 256.6 | 382.0 | 398.2 |
| ZXZ | 7.10 | 309.7 | 163.1 | 82.7 | 327.1 | 521.1 | 514.2 |
| ZXZ | 7.30 | 272.8 | 76.3 | 203.1 | 336.8 | 581.2 | 408.0 |
| ZXZ | 7.70 | 263.7 | 81.7 | 192.3 | 333.9 | 570.5 | 395.4 |
| ZXZ | 7.90 | 279.9 | 78.3 | 162.7 | 327.5 | 579.9 | 322.4 |
| ZXZ | 7.70 | 369.6 | 95.7 | 80.9 | 356.5 | 516.2 | 438.9 |
| ZXZ | 8.00 | 345.8 | 47.7 | 39.3 | 266.1 | 278.2 | 454.4 |
| ZXZ | 7.80 | 354.9 | 57.6 | 40.8 | 276.0 | 303.4 | 419.6 |
| ZXZ | 7.20 | 340.6 | 118.2 | 61.9 | 290.8 | 475.4 | 471.7 |
| ZXZ | 7.90 | 352.1 | 63.7 | 95.5 | 319.0 | 520.3 | 341.3 |

附表1(续)

| 煤矿 | pH | $[Na^++K^+]$ /(mg/L) | $[Mg^{2+}]$ /(mg/L) | $[Ca^{2+}]$ /(mg/L) | $[Cl^-]$ /(mg/L) | $[SO_4^{2-}]$ /(mg/L) | $[HCO_3^-]$ /(mg/L) |
|---|---|---|---|---|---|---|---|
| ZXZ | 8.30 | 315.2 | 76.0 | 138.1 | 332.9 | 556.1 | 308.9 |
| ZXZ | 8.30 | 316.2 | 76.2 | 138.1 | 332.5 | 561.0 | 310.5 |
| ZXZ | 7.20 | 308.6 | 154.0 | 80.6 | 297.3 | 628.5 | 384.9 |
| ZXZ | 7.90 | 304.4 | 159.6 | 77.5 | 338.4 | 542.1 | 411.6 |
| ZXZ | 7.50 | 286.4 | 67.4 | 225.9 | 356.5 | 575.8 | 442.9 |
| ZXZ | 7.30 | 268.2 | 54.7 | 231.6 | 336.7 | 585.2 | 368.3 |
| ZXZ | 7.50 | 207.5 | 83.0 | 237.9 | 333.2 | 573.4 | 390.0 |
| ZXZ | 7.70 | 228.8 | 66.1 | 159.7 | 271.0 | 469.9 | 361.8 |
| ZXZ | 7.70 | 274.6 | 72.6 | 171.4 | 321.9 | 557.2 | 352.8 |
| ZXZ | 7.50 | 260.5 | 86.1 | 197.7 | 345.9 | 590.9 | 379.7 |
| ZXZ | 7.70 | 248.1 | 80.3 | 184.1 | 326.7 | 527.8 | 380.3 |
| ZXZ | 7.70 | 313.7 | 40.1 | 173.8 | 309.7 | 531.0 | 355.1 |

注:ZXZ—朱仙庄煤矿;LL—芦岭煤矿;QN—祁南煤矿。

**附表2  宿州矿区灰岩含水层主离子组成特征**

| 煤矿 | pH | $[Na^++K^+]$ /(mg/L) | $[Mg^{2+}]$ /(mg/L) | $[Ca^{2+}]$ /(mg/L) | $[Cl^-]$ /(mg/L) | $[SO_4^{2-}]$ /(mg/L) | $[HCO_3^-]$ /(mg/L) |
|---|---|---|---|---|---|---|---|
| LL | 7.93 | 252.7 | 24.6 | 21.0 | 107.7 | 47.8 | 617.9 |
| LL | 8.35 | 242.3 | 25.4 | 22.9 | 106.8 | 52.7 | 580.7 |
| ZXZ | 7.70 | 176.4 | 52.0 | 117.2 | 187.4 | 294.4 | 392.9 |
| ZXZ | 8.30 | 374.0 | 43.2 | 53.3 | 166.7 | 424.0 | 528.2 |
| ZXZ | 7.42 | 349.9 | 51.3 | 68.6 | 170.2 | 450.3 | 530.5 |
| ZXZ | 7.70 | 274.9 | 75.5 | 149.0 | 248.9 | 416.9 | 604.0 |
| ZXZ | 7.50 | 314.8 | 91.6 | 137.6 | 347.5 | 544.9 | 422.6 |
| ZXZ | 7.70 | 228.1 | 110.2 | 178.2 | 118.9 | 865.9 | 398.2 |
| ZXZ | 7.50 | 317.5 | 75.1 | 160.6 | 336.7 | 515.6 | 466.3 |
| ZXZ | 7.50 | 244.4 | 82.1 | 194.9 | 330.0 | 556.4 | 378.8 |

| 煤矿 | pH | $[Na^+ + K^+]$ /（mg/L） | $[Mg^{2+}]$ /（mg/L） | $[Ca^{2+}]$ /（mg/L） | $[Cl^-]$ /（mg/L） | $[SO_4^{2-}]$ /（mg/L） | $[HCO_3^-]$ /（mg/L） |
|---|---|---|---|---|---|---|---|
| ZXZ | 7.50 | 203.3 | 65.1 | 122.0 | 223.6 | 389.1 | 358.8 |
| QN | 7.40 | 258.1 | 82.3 | 141.5 | 257.3 | 600.9 | 418.8 |
| QN | 7.50 | 249.5 | 95.9 | 178.0 | 261.6 | 627.3 | 449.1 |
| QN | 7.25 | 236.0 | 91.9 | 210.8 | 252.9 | 673.0 | 451.6 |
| QN | 7.25 | 250.2 | 89.3 | 223.4 | 261.6 | 699.7 | 463.8 |
| QN | 7.50 | 197.4 | 96.0 | 189.9 | 265.9 | 648.3 | 448.1 |
| QN | 7.10 | 257.5 | 90.8 | 192.8 | 256.7 | 694.4 | 418.8 |
| QN | 7.20 | 259.0 | 87.5 | 202.6 | 254.4 | 704.7 | 417.4 |
| QN | 7.20 | 284.9 | 85.9 | 150.1 | 257.9 | 622.3 | 422.3 |
| QN | 7.50 | 314.6 | 41.0 | 78.2 | 227.4 | 309.5 | 495.5 |
| QN | 7.50 | 297.6 | 68.7 | 99.9 | 245.7 | 446.6 | 449.1 |
| QN | 7.50 | 261.3 | 85.1 | 100.8 | 242.3 | 448.2 | 441.8 |
| QN | 7.15 | 192.5 | 67.6 | 103.2 | 234.4 | 269.2 | 422.3 |
| QN | 7.25 | 349.5 | 71.4 | 110.7 | 239.6 | 591.9 | 461.3 |
| QN | 7.70 | 295.1 | 52.9 | 80.4 | 219.3 | 414.1 | 390.5 |
| QN | 7.06 | 259.4 | 94.9 | 183.7 | 262.3 | 673.0 | 422.4 |
| QN | 8.05 | 284.3 | 87.1 | 157.1 | 256.3 | 646.2 | 410.7 |
| QN | 7.38 | 229.9 | 82.7 | 203.9 | 253.1 | 644.6 | 393.0 |
| QN | 8.30 | 347.2 | 12.2 | 20.0 | 226.0 | 116.9 | 500.4 |
| QN | 7.10 | 277.9 | 75.4 | 189.2 | 255.1 | 650.3 | 436.3 |
| QN | / | 295.4 | 73.4 | 192.5 | 251.1 | 638.4 | 497.3 |
| QN | / | 483.3 | 13.8 | 45.6 | 225.5 | 245.3 | 793.8 |
| QN | / | 214.9 | 91.8 | 173.6 | 247.6 | 611.6 | 358.1 |
| QN | 7.21 | 157.7 | 109.1 | 247.3 | 255.4 | 677.9 | 422.0 |
| QN | 7.16 | 162.2 | 105.5 | 251.2 | 253.6 | 680.8 | 428.9 |
| QN | 7.14 | 151.8 | 107.7 | 248.3 | 253.6 | 667.2 | 419.7 |
| QN | 7.15 | 174.1 | 110.5 | 238.1 | 256.2 | 685.7 | 433.4 |
| QN | 7.29 | 161.8 | 112.0 | 239.5 | 251.9 | 679.1 | 428.9 |
| QN | 7.24 | 166.6 | 107.3 | 244.4 | 252.7 | 684.5 | 424.3 |

附表2(续)

| 煤矿 | pH | [Na⁺＋K⁺] /(mg/L) | [Mg²⁺] /(mg/L) | [Ca²⁺] /(mg/L) | [Cl⁻] /(mg/L) | [SO₄²⁻] /(mg/L) | [HCO₃⁻] /(mg/L) |
|------|------|------|------|------|------|------|------|
| QN | 7.22 | 164.7 | 110.3 | 237.5 | 257.1 | 676.7 | 415.5 |
| QN | 7.20 | 173.7 | 106.1 | 240.5 | 252.7 | 693.6 | 413.4 |
| QN | / | 279.5 | 14.6 | 19.9 | 220.9 | 27.2 | 463.8 |
| QN | 8.63 | 268.9 | 15.1 | 21.8 | 225.4 | 8.2 | 418.4 |
| QN | 8.44 | 280.2 | 18.6 | 24.6 | 220.8 | 49.4 | 425.4 |
| QN | 8.32 | 391.6 | 13.0 | 19.8 | 221.6 | 158.9 | 512.4 |
| QN | 8.39 | 370.0 | 4.8 | 10.3 | 152.5 | 140.4 | 547.0 |

**附表3 宿州矿区煤系含水层主离子组成特征**

| 煤矿 | pH | [Na⁺＋K⁺] /(mg/L) | [Mg²⁺] /(mg/L) | [Ca²⁺] /(mg/L) | [Cl⁻] /(mg/L) | [SO₄²⁻] /(mg/L) | [HCO₃⁻] /(mg/L) | [CO₃²⁻] /(mg/L) |
|------|------|------|------|------|------|------|------|------|
| QN | 8.00 | 368.2 | 3.0 | 4.6 | 110.7 | 6.2 | 809.4 | / |
| QN | 8.30 | 302.8 | 2.6 | 7.4 | 78.1 | 34.6 | 593.1 | / |
| QN | 8.45 | 261.8 | 15.5 | 20.2 | 117.3 | 12.4 | 510.1 | / |
| QN | 8.50 | 202.5 | 11.6 | 16.2 | 160.1 | 7.4 | 290.5 | / |
| QN | 8.30 | 250.5 | 11.9 | 13.6 | 89.3 | 3.7 | 585.7 | 10.7 |
| QN | 8.52 | 306.8 | 2.4 | 4.7 | 87.4 | 12.8 | 594.2 | 39.8 |
| QN | 8.73 | 239.6 | 7.0 | 8.0 | 91.2 | 27.6 | 468.2 | 19.6 |
| QN | 8.35 | 261.0 | 26.0 | 29.4 | 134.6 | 66.3 | 520.9 | / |
| QN | 9.50 | 668.2 | 2.8 | 0 | 84.1 | 85.2 | 578.5 | 473.0 |
| QN | 8.40 | 437.7 | 4.9 | 11.2 | 255.0 | 237.9 | 414.9 | / |
| QN | 7.80 | 602.6 | 2.5 | 6.7 | 100.7 | 342.4 | 1 023.1 | / |
| QN | 8.30 | 429.4 | 5.0 | 7.0 | 254.8 | 233.4 | 360.2 | / |
| QN | 7.30 | 440.3 | 28.8 | 66.2 | 246.1 | 494.7 | 468.6 | / |
| QN | 8.45 | 396.6 | 24.3 | 36.8 | 250.5 | 402.5 | 351.5 | / |
| QN | 7.70 | 293.5 | 6.9 | 6.8 | 134.1 | 123.1 | 446.7 | / |
| QN | / | 578.1 | 21.5 | 44.4 | 157.7 | 309.9 | 1 114.3 | / |
| QN | / | 525.4 | 17.5 | 15.2 | 163.1 | 119.8 | 923.2 | 85.1 |
| QN | / | 528.9 | 3.0 | 7.2 | 181.7 | 407.5 | 442.4 | 82.8 |

| 煤矿 | pH | $[Na^++K^+]$ /(mg/L) | $[Mg^{2+}]$ /(mg/L) | $[Ca^{2+}]$ /(mg/L) | $[Cl^-]$ /(mg/L) | $[SO_4^{2-}]$ /(mg/L) | $[HCO_3^-]$ /(mg/L) | $[CO_3^{2-}]$ /(mg/L) |
|---|---|---|---|---|---|---|---|---|
| QN | 7.70 | 375.9 | 50.0 | 104.2 | 232.6 | 561.0 | 454.0 | / |
| QN | 7.64 | 285.5 | 65.1 | 91.4 | 214.2 | 402.1 | 485.8 | / |
| ZXZ | 7.44 | 548.0 | 10.1 | 15.2 | 362.6 | 14.4 | 908.6 | / |
| ZXZ | 7.74 | 603.3 | 9.4 | 11.7 | 364.4 | 14.8 | 1 037.6 | / |
| ZXZ | 8.40 | 530.7 | 4.5 | 9.8 | 281.5 | 9.9 | 941.8 | 2.4 |
| ZXZ | 8.70 | 410.5 | 7.1 | 13.2 | 368.7 | 39.9 | 445.2 | 3.5 |
| ZXZ | 8.60 | 392.9 | 6.2 | 9.3 | 344.9 | 33.3 | 436.9 | 2.7 |
| ZXZ | 8.30 | 383.3 | 2.7 | 12.2 | 329.6 | 4.5 | 476.4 | 2.3 |
| ZXZ | 8.20 | 574.2 | 8.2 | 12.4 | 363.2 | 2.9 | 919.4 | 3.6 |
| ZXZ | 8.00 | 252.8 | 8.0 | 17.2 | 194.3 | 73.3 | 335.8 | 4.3 |
| ZXZ | 8.20 | 574.2 | 8.2 | 12.4 | 363.2 | 2.9 | 919.4 | 3.6 |
| ZXZ | 8.10 | 502.6 | 5.4 | 12.6 | 266.4 | 21.4 | 851.8 | 3.0 |
| ZXZ | 8.30 | 383.3 | 2.7 | 12.2 | 329.6 | 4.5 | 476.4 | 2.3 |
| ZXZ | 8.30 | 521.7 | 5.7 | 10.0 | 339.1 | 95.9 | 703.0 | 2.7 |
| ZXZ | 8.00 | 220.5 | 15.7 | 26.1 | 87.6 | 128.4 | 413.0 | 7.3 |
| ZXZ | 8.50 | 512.0 | 2.6 | 3.9 | 246.4 | 133.4 | 744.4 | 1.1 |
| ZXZ | 7.51 | 540.7 | 11.1 | 26.7 | 355.4 | 164.6 | 750.6 | / |
| ZXZ | 7.46 | 371.7 | 58.7 | 55.8 | 199.1 | 426.4 | 560.2 | / |
| ZXZ | 7.98 | 483.4 | 12.1 | 9.6 | 371.5 | 205.4 | 467.1 | / |
| ZXZ | 10.28 | 354.5 | 82.4 | 74.4 | 269.3 | 421.9 | 565.2 | / |
| ZXZ | 7.24 | 564.7 | 10.4 | 32.6 | 360.4 | 208.3 | 764.4 | / |
| ZXZ | 8.94 | 502.9 | 6.8 | 9.0 | 340.1 | 219.0 | 481.4 | 24.7 |
| ZXZ | 8.30 | 493.9 | 14.3 | 15.2 | 344.0 | 245.3 | 479.3 | 22.2 |
| ZXZ | 8.68 | 465.0 | 7.0 | 8.7 | 306.7 | 100.0 | 564.0 | 37.5 |
| ZXZ | 8.51 | 427.2 | 4.3 | 1.6 | 108.6 | 219.0 | 593.2 | 51.8 |
| ZXZ | 8.68 | 474.7 | 4.3 | 1.2 | 106.8 | 251.9 | 667.8 | 57.4 |
| ZXZ | 8.58 | 334.1 | 4.4 | 1.4 | 99.3 | 85.6 | 577.9 | 28.2 |
| ZXZ | 8.81 | 395.2 | 3.5 | 1.4 | 104.1 | 121.8 | 631.5 | 51.8 |
| ZXZ | 8.77 | 389.1 | 5.6 | 1.6 | 97.9 | 175.3 | 582.2 | 46.1 |
| ZXZ | 8.71 | 382.1 | 2.2 | 1.6 | 92.6 | 171.6 | 571.7 | 40.0 |

附表 3(续)

| 煤矿 | pH | [Na⁺＋K⁺]<br>/(mg/L) | [Mg²⁺]<br>/(mg/L) | [Ca²⁺]<br>/(mg/L) | [Cl⁻]<br>/(mg/L) | [SO₄²⁻]<br>/(mg/L) | [HCO₃⁻]<br>/(mg/L) | [CO₃²⁻]<br>/(mg/L) |
|---|---|---|---|---|---|---|---|---|
| ZXZ | 8.55 | 373.1 | 3.3 | 2.7 | 95.9 | 162.6 | 584.3 | 29.1 |
| ZXZ | 8.76 | 354.6 | 7.3 | 2.3 | 90.7 | 153.9 | 570.3 | 30.9 |
| ZXZ | / | 380.1 | 7.2 | 5.1 | 102.6 | 151.5 | 538.5 | 74.9 |
| ZXZ | / | 366.9 | 8.5 | 3.7 | 100.3 | 177.0 | 535.6 | 46.2 |
| ZXZ | / | 365.8 | 6.4 | 3.7 | 99.4 | 162.2 | 519.2 | 57.8 |
| ZXZ | / | 319.6 | 8.0 | 3.7 | 96.3 | 172.1 | 447.8 | 33.3 |
| ZXZ | / | 291.5 | 7.2 | 3.4 | 92.5 | 170.4 | 445.4 | 4.6 |
| ZXZ | 8.56 | 497.2 | 5.4 | 3.2 | 127.1 | 13.2 | 1 070.9 | 18.8 |
| ZXZ | 8.36 | 310.1 | 12.5 | 8.1 | 111.3 | 4.1 | 680.0 | 18.1 |
| ZXZ | 8.37 | 1 030.2 | 2.2 | 8.0 | 135.0 | 6.6 | 2 141.4 | 189.7 |
| ZXZ | / | 1 173.6 | 13.2 | 8.4 | 109.1 | 1.7 | 3 021.4 | / |